U0086777

待在家的時間變多了，

就讓我們慢慢地享受刺繡吧！

一旦心無旁騖地運針，

回過神時，春日已近，

美好的日子也將來臨。

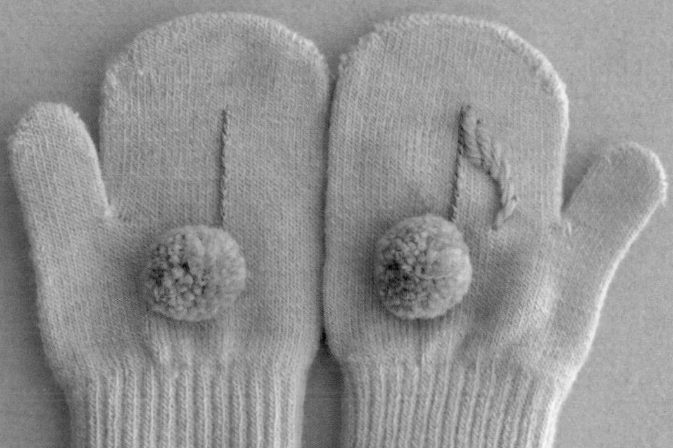

photograph 渡辺淑克　styling 鈴木亜希子　作品 umico

70th Anniversary

COSMO 25 號繡線改版上市

享受繽紛色彩的刺繡

（株）LECIEN販售COSMO25號繡線已迎來第70週年。
除了更換新的商標，同時也將色彩增加至全系列500色。讓人越來越期待色彩的挑選了！

COSMO
LECIEN CORPORATION

新的品牌標誌誕生

來自於具有世界、宇宙、秩序、裝飾意義的希臘語，包含著「以刺繡持續地為世界增添色彩」意念所命名的COSMO。藉由70週年的契機，使用針及線的刺繡衍生出「人與人的羈絆」設計”M”的新品牌商標，就此誕生。

更有深度、更加繽紛⋯

株式會社LECIEN開始販售COSMO繡線始於1950年。使用高品質的超長纖棉，透過熟練的專業人士歷經多項工序而誕生的繡線，不變的品質長久廣受青睞。最初是從195色開始發展，因應時代需求，目前已有共500色的選擇。

photograph 白井由香里　styling 西森 萌

刺繡托特包

大家熟知的人氣作家設計的迷你托特包，是由印有圖案的布包和COSMO繡線組合而成。
一起欣賞由各布包呈現的耀眼設計及配色，享受刺繡吧！

マカベアリス　　青木和子　　annas

中島一恵　　大塚あや子

COSMO 新色運用 …

01
××××

羈絆手作

設計了COSMO的C及圍繞於四周的線和針，以人與人之間的羈絆，及創作作為主題。

原寸圖案 ››› 附錄刺繡圖案集 P.92

ai ann

以繼承了祖母的刺繡工具為契機，自2017年起製作刺繡飾品為起點。在感受自然的同時，以注重季節感的圖案、色彩搭配、材料，發展出變化豐富的刺繡飾品。能夠成為持有者的" 日常生活的色彩之一" 以此想法進行製作。
Instagram @ai_ann722

［COSMO25號繡線的魅力］
成色良好、色彩美麗，光看就讓人開心。微妙的色彩也很完備，相當易於使用在需要多色的細緻刺繡。

植物刺繡胸針

在40×30mm的小小橢圓形當中，將花朵彙集成束。雖然全部都是相同圖案，但只需變化色彩，即可帶來不同的氛圍樂趣。

原寸圖案 ››› 作品圖案 B 面

近藤実可子

活用繡線的纖細及縫法產生的不同質感表現形狀。以線條描繪圖案或是進行抽象藝術表現，創作風格多變。從事刺繡小物、展示、專欄連載插畫（刺繡插圖）、刺繡聚會（work shop）等。
http://mikakokondo.tumblr.com/

［COSMO25號繡線的魅力］
拿起時非常柔軟，能夠相當輕易地抽出繡線。無論使用何種刺繡方式，皆能產生柔和的光澤，經常被誤認為絲線，讓人感覺到線條中蘊藏著光澤。色彩數量之多、顏色之絕妙，在色彩的搭配選擇方面極具魅力。

02
××××

03
××××

結粒繡迷你口金包

以絨毛繡與法式結粒繡，描繪立體的花朵。享受繽紛色彩。以同色系的流蘇作點綴。

原寸圖案 ››› 作品圖案 B 面

星野加那美

自幼便開始接觸手藝。於多摩美術大學畢業之後，便在刺繡公司任職，並經手繡線、布料、用品等項目的企劃開發，及材料包的設計與製作。
Instagram @canami_h

［COSMO25號繡線的魅力］
由於蓬鬆柔軟又滑順，因此能夠立體地縫製刺繡。因漸層的色差細微，因此對齊一起使用的話就能夠呈現出深度。特別是煙燻色，十分好用，深得人心，若將鮮豔色彩點綴使用就會非常可愛。

COSMO 25號繡線
新色&追加色樣本表

從461色改版成共500色。廢除相近色，調整色彩讓漸層更加細緻，並增加了能刺激藝術感官的飽和色以及nuance色。在這邊要介紹新色41色、追加色22色。

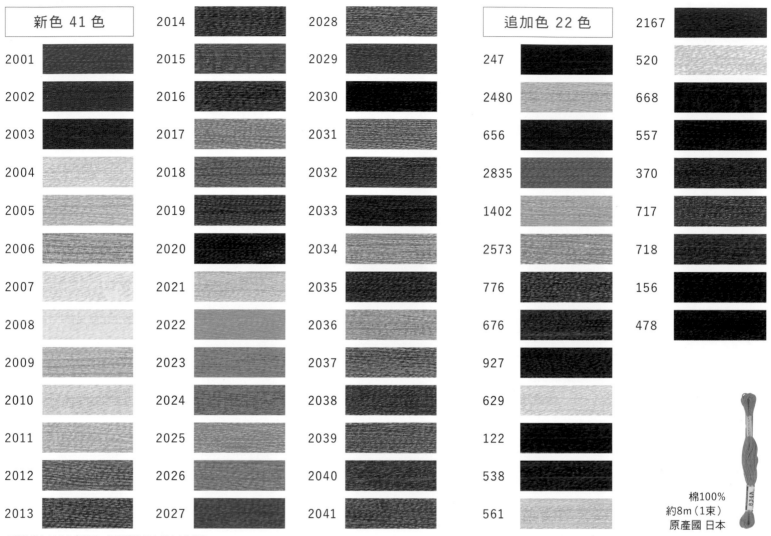

新色 41 色

2001, 2002, 2003, 2004, 2005, 2006, 2007, 2008, 2009, 2010, 2011, 2012, 2013

2014, 2015, 2016, 2017, 2018, 2019, 2020, 2021, 2022, 2023, 2024, 2025, 2026, 2027

2028, 2029, 2030, 2031, 2032, 2033, 2034, 2035, 2036, 2037, 2038, 2039, 2040, 2041

追加色 22 色

247, 2480, 656, 2835, 1402, 2573, 776, 676, 927, 629, 122, 538, 561

2167, 520, 668, 557, 370, 717, 718, 156, 478

棉100%
約8m（1束）
原產國 日本

※其他尚有14色為改版色，依序替換於末端有A的顏色。

LECIEN
https://www.lecien.co.jp/

contents

日本VOGUE社相關情報請見下方
https://www.tezukuritown.com/
滿滿刺繡情報！「刺繡誌WEB」
https://www.tezukuritown.com/nv/c/cidee/

在Instagram發佈情報中！
stitchidees_nihonvogue
https://www.instagram.com/stitchidees_nihonvogue/

Stitch刺繡誌
STiTCH iDÉES
EMBROIDERY vol. 18 NEEDLEWORK

封面設計 塙 美奈（ME & MIRACO）
封面攝影 渡辺淑克
封面陳設 鈴木亜希子
封面作品製作 堀内さゆり（Biene）

★本誌刊登的作品一律嚴禁作為商業用途販賣、複製（店頭、網路商店、拍賣會等）。
僅供作為個人手作、娛樂之用。

岩本晶美

接合小小的布塊或是刺繡，
享受著作品製作。
在網站上發表，且不定期進行販售。
頻繁出現於雜誌與販售活動等場合。
http://aubongout.fc2web.com/

特集1

單色調十字繡

××××

以單一色調繡十字繡。
從以前開始，樣本繡或貴格教會風格的圖案就很受到歡迎。
不用替換顏色，取而代之的是大量刺繡的設計。
一邊悠閒地享受在家的時光，一邊刺繡吧！

photograph 渡辺淑克　styling 鈴木亜希子

04

××××

art de vivre（生活的藝術）

想在圖案上加些訊息，
就以法語寫上「art de vivre」，
描繪存在於平日生活中的喜愛物品。

使用繡線 >>>DMC25號繡線
圖案 >>> 附錄刺繡圖案集 P.82、P.83

堀内さゆり（Biene）

女子美術大學畢業之後，在吉祥物版權公司擔任企劃設計師，爾後移居德國5年。回國後，以手藝設計師和插畫師的身分活躍。致力於能溫暖心靈的作品創作。

http://biene.o.oo7.jp/

05

××××

清秀佳人

將最喜歡的「清秀佳人」包圍在圖案當中。
除了安妮所居住的綠色莊園、生活的樣貌，
還添加了安妮語錄中的2段話。

使用繡線 >>>DMC25 號繡線
圖案 >>> 作品圖案 A 面

 素材提供／DMC（株）DMC GD1636BX Aida 繡布 16ct

紅色樣本繡

縫紉機、剪刀、熨斗，以及紡車。
紅色單色的樣本繡嘗試將身邊的裁縫工具圖案，
與動物、英文字母排列在一起。

使用繡線 ›››DMC25 號繡線
圖案 ››› 附錄刺繡圖案集 P.84・P.85

06
××××

馬渡智恵美（カエデ）

在自己的部落格「針與線」發表結合了十字繡和法式布盒的作品。喜歡悠閒歡樂的刺繡。
http://blog.goo.ne.jp/kaede_cm
Instagram @kaede_crossstitch

素材提供／ DMC（株）DMC DC67S0 亞麻繡布 32ct

井出祐理子

刺繡作家。以原創圖案、花線和亞麻繡布為中心進行製作。於2004年移居德國慕尼黑，並在2018年回國。著重於創作在身旁就會讓人微笑的物品，以及不論經過多久依然被喜愛的物品。目前舉辦教授「尋找方向的開心十字繡」的體驗講座與課程。

http://www.comfortabledailylife.com
Instagram　@comfortable_dailylife

07
××××

在家中的寧靜片刻

試著以辦家家酒和積木，將遊戲世界搭配上連續圖案進行描繪。
上半部則是將守護著生活，帶來療癒的狗、貓，
以及樹木、花朵、食物、太陽與月亮配置於家的四周。

使用繡線 >>> OOE 花線
圖案 >>> 附錄刺繡圖案集 P.86、P.87

EAST WEST
HOME'S BEST

小寺綾子（EarlGray）

除了製作繡有細緻十字繡的布小物，刊登於雜誌之外，亦積極舉辦體驗講座等活動。

blog http://blog.earlgray.ciao.jp/
Instagram @earlgrayaya/

08
××××

Home is best!

待在家的時間變多了的此刻，懷著加油的心情，
設計了含有「還是家最好！」這樣意思的英文諺語，
以及為其增添色彩的刺繡。彩色亞麻繡布上線條色彩更加明顯。

使用繡線 >>>DMC25 號繡線
圖案 >>> 作品圖案 B 面

澤村えり子

受到熱衷蕾絲鉤編及裁縫的母親影響，成為手藝愛好者。製作大人專屬，細緻且配色柔和的作品。自2003年起，開設使用原創材料組的自家教室「Ateliter blanco et ecru」。
Instagram @eriemecru

09
××××

古董蕾絲集

以古董蕾絲圖案作為主題，
進行十字繡設計。
能否展現出蕾絲的纖細感呢？

使用繡線 >>>Olympus 25 號繡線
圖案 >>> 作品圖案 A 面

 素材提供／Olympus 製絲（株） Olympus No.3900 Aida 繡布 18ct

10

××××

民俗風刺繡托特包

使用民俗調的條紋圖案製作而成的布包。
將圖案中的鳥兒設計成相互交錯面對。

使用繡線 ›››DMC25 號繡線
How to make & 圖案 ››› P.104～P.106

千葉愛子（ECRU）
經營刺繡咖啡館ECRU。日本手藝普及協會．白線刺繡指導員。舉辦證照課程、法式布盒和原創小物的體驗課程。
http://ecru.me/

三井由佳（Bloom）
在販售活動及展示會中製作並
販賣原創作品。
http://bloom321.exblog.jp/

11
××××

段染樣本繡

使用紅色漸層段染繡線，製作的樣本繡。
由於是緩慢平順地逐漸變化，因此也很適合使用於十字繡。
請一格一格地完成十字，進行製作。

使用繡線 ››› COSMO Seasons25 號繡線
圖案 ››› 作品圖案 B 面

 素材提供／（株）LECIEN COSMO No.65100 Java Cloth65

12

××××

Thistle Birds

從中心呈放射狀，對稱設計的圖案。
作品雖然使用2股線刺繡，
但如同右下角的樣本繡般使用1股繡線進行，
就能夠完成細緻的成品，請依照喜好選擇使用。

使用繡線 ›››DMC25 號繡線
圖案 ››› 作品圖案 B 面
製作 ››› shuei

Jacob de Graaf

網路商店Modern folk embroidery的十字繡設計師。詳情請見次頁。

是描繪星星和鹿，名為「The Deer and the Field of Stars」的作品一部分。

廣受十字繡者歡迎的「Mystery SAL」！

為我們設計作品12的Jacob先生，在Modern Folk Embroidery
這個網站上販售十字繡設計這類的作品。
其中特別受到歡迎的是「Mystery SAL」
這個將每個月發表的圖案慢慢地刺繡，最後完成1幅圖案的作品。
圖案被分割成12份，1個月繡1片，就能完成1幅大型的圖案。
讓我們來請教Jabco老師SAL的玩法吧！

Jacob de Graaf

2010年，由於認識了美妙的傳統十字繡作品，再次提昇對十字繡的注意，自行開始設計小型圖案，而過程相當愉快。在詢問過家人和朋友的意見之後，於2011年初，我決定成立第一個網路商店。雖然我的作品是被民間傳統所啟發，但由於是針對現代人製作的作品，因此商店取名為"Modern Folk Embroidery"。我試著製作具裝飾性且外觀給人柔和印象的作品。原創設計作品幾乎都是單色調，具有凸顯設計的效果。這些圖案由於購買者能夠依照喜好的顏色與素材進行刺繡，因此能完成客人專屬的作品。
從幾年前開始，從自己的古董樣本繡收藏中，選出幾件進行圖案化。在圖案化的過程當中，得以窺探製作者的經歷，相當有趣。從美麗的古董作品中，學習到各種繡法和設計等許多事。
我每天因為許多人用我的圖案完成屬於自己的作品而感到驚喜。我的設計能添加在經過幾個世紀也依然有持續製作價值的工藝品上，這是多麼美好的事情。
www.modernfolkembroidery.com
Instagram @modernfolkembroidery

所謂Mystery SAL 是什麼呢？

—SAL是指Stitch-A-Long（長時間刺繡）。在預定的期間之內，圖案將會被開放。在這裡的Mystery意指在完成之前，還不知道會是怎樣的作品。我最新的SAL是從古早的圖案中所選擇的，因此並非Mystery，但由於圖案非常小，完成的作品會讓人感到有些驚訝。

怎樣才能夠參加SAL呢？

—無論是誰何時都可以參加SAL。只要進入下方的網站，即可購買。但因為圖案可繼續利用，因此隨時都能夠參加。

有什麼樣的玩法呢？

—我喜歡在線上聚集刺繡的人們，分享資訊及點子。SAL不以快點完成為目的，即使早點完成也不會有獎品。最棒的地方在於，無論是誰都能夠分享刺繡，無論是誰能夠觀賞到許多人專屬的設計。

每個SAL都可以加上#（hashtag），上傳到Instagram。現在雖然已經有#MFESAL2018、#MFESAL2019、#MFESAL2020，但也有人是以各種其他圖案製作專屬SAL。由於有許多人使用#MODERNFOLKEMBROIDERY，因此也很推薦這個hashtag。

請享受不被時間追趕的刺繡，以及觀賞他人作品的樂趣！

給讀者們的話

—十字繡在想要作些作品的時候，是很好用的技法。雖然可以輕易地學會，但它的圖案從簡單到需要耗費數年才能完成的種類，有著無限可能。被單純又有無限可能性的刺繡所啟發，於是我從事十字繡的圖案製作。我認為進行十字繡這件事本身，是藉由在有限時間之內集中專注，將我們從忙碌的日常生活中解放，具有療癒的效果。

若大家能夠將完成的作品當成重要的寶貝，我會非常高興。

[左] 貴格教會樣本繡「The Little Bird」。
[中] 2018年所發表的Mystery SAL「FOUR SEASONS」。分成12部分，每個月繡一部分的圖案完成作品。
[右] 2020年度的Mystery SAL「A Family Patchwork Sampler」。目前每個月發表1個圖案。

特集2

穿上刺繡

色彩容易黯淡的秋冬衣櫃，
以刺繡稍微下一點功夫就能帶來明亮的印象。
選用市售的服飾製作，幾乎所有材質都能夠
以平時所使用的繡線刺繡。「這個是我繡的！」
若脫口而出這樣的話，大家應該都會感到驚艷喲！

photograph 渡辺淑克　styling 鈴木亜希子

13

××××

花刺繡上衣

將不過分甜膩的紫色系花朵彙集成花束。利用自然而然地強調從領圍延伸的直線圖案，帶來臉部四周具有華麗感，上半身則俐落呈現的視覺效果。

使用繡線 >>> DMC25號繡線
原寸圖案 >>>> 作品圖案 A 面

Rairai（蓬萊和歌子）

以棉布或亞麻布為基底，搭配上手工刺繡以及美國、歐洲等地的古老素材，進行服裝及小物的製作。以具有懷舊溫暖氛圍的物品創作為目標。現居於京都。著有《大人的花刺繡（暫譯）》（日本VOGUE社/NV70483）等。
http://www.atelier-rairai.com

14

××××

秋日花卉裙

將細緻的野花裝飾在裙襬上。
每當走路時，搖曳的花朵就如同隨著秋風舞動一般，非常美麗。

使用繡線 >>> DMC25號繡線
原寸圖案 >>> 作品圖案 B 面

ながたにあいこ（atelier de nora）

在販售活動以及主題企劃展覽中發表並販售以身邊的花草為圖案的刺繡作品。舉辦刺繡教室、體驗講座。著有《春夏秋冬。以植物刺繡增色的服飾與小物（暫譯）》（KADOKAWA）。
Instagram @atelier_de_nora

15 單色調工作圍裙

××××

一旦穿上了下襬布滿白色植物圖案的時尚圍裙，作起點心來似乎比平時更加厲害。
搶眼的圖案也以單色調刺繡，
就能完成對成年人而言恰到好處的甜美感。

使用繡線 >>> DMC25號繡線　How to make >>> P.107　原寸圖案 >>> 作品圖案 B 面

yula

以「I like embroidery」我喜歡刺繡為題，將原創作品發表在Instagram上。
Instagram @yula_handmade_2008

16 花與小鳥褲襪

××××

經常出現在民俗服飾當中的可愛刺繡褲襪。身處於現代的我們，為了便利性融入時尚，
設計了小花圖案及小小鳥兒。
使用與針織材質相稱的柔軟質感花線。

使用繡線 ››› OOE 花線、 fru zippe flora cotton　原寸圖案 ››› 作品圖案 B 面

立川一美

刺繡作家。文化教室講師。
以個展為中心活動。
Instagram @kazumi.tachikawa

17
××××
黃金馬裝飾領片

以優雅奔馳在秋季草原，生活於土庫曼的黃金馬「阿哈爾捷金馬」為原形所進行的刺繡。阿哈爾捷金馬是兼具了速度和耐久力的美麗馬匹。是想要送給活潑奔跑小朋友的裝飾領片。

使用繡線 >>> DMC25號繡線
How to make & 原寸圖案 >>> P.108・P.109

läpi läpi

自學刺繡與裁縫，於2018年成立兒童服飾品牌「läpi läpi」。於minne手作比賽2018，從招募總數約14000件作品當中獲得冠軍。著有《想在重要的日子穿著刺繡點綴的女孩服飾（暫譯）》（誠文堂新光社）。
https://lapilapi-japan.jimdofree.com/

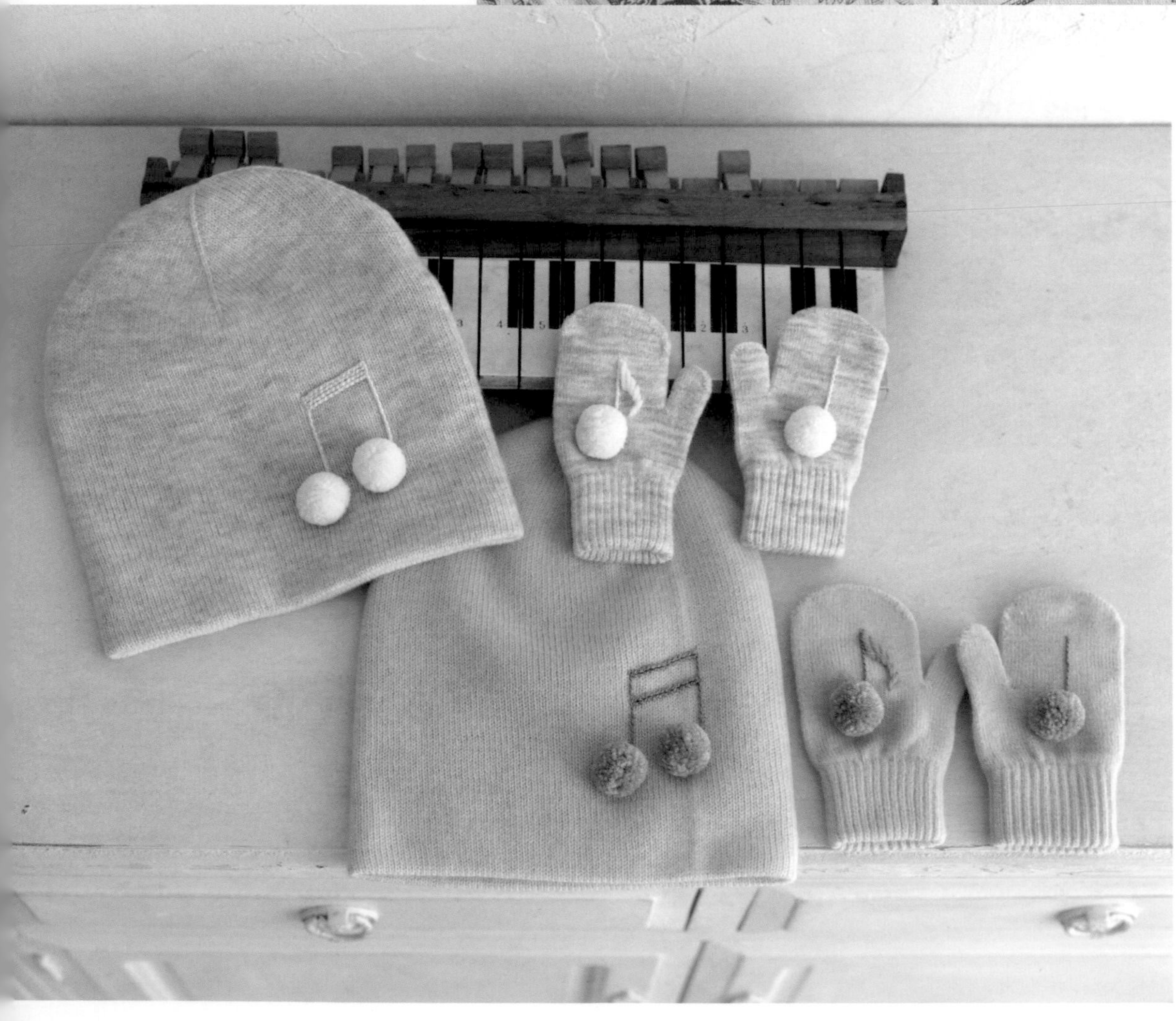

18
××××
音符針織組

羊毛線毛球渾圓可愛的針織帽與手套組。在小手套上刺繡時，內部放入透明夾等針難以穿透的物品，就會較容易進行刺繡。

使用繡線 >>> DMC25號繡線・
Tapestry wool
原寸圖案 >>> 作品圖案 A 面

umico

以單色為基調，製作時髦又優雅的作品。在販售活動當中，以UMICORN的品牌名稱發表作品。
http://umicorn.exblog.jp/

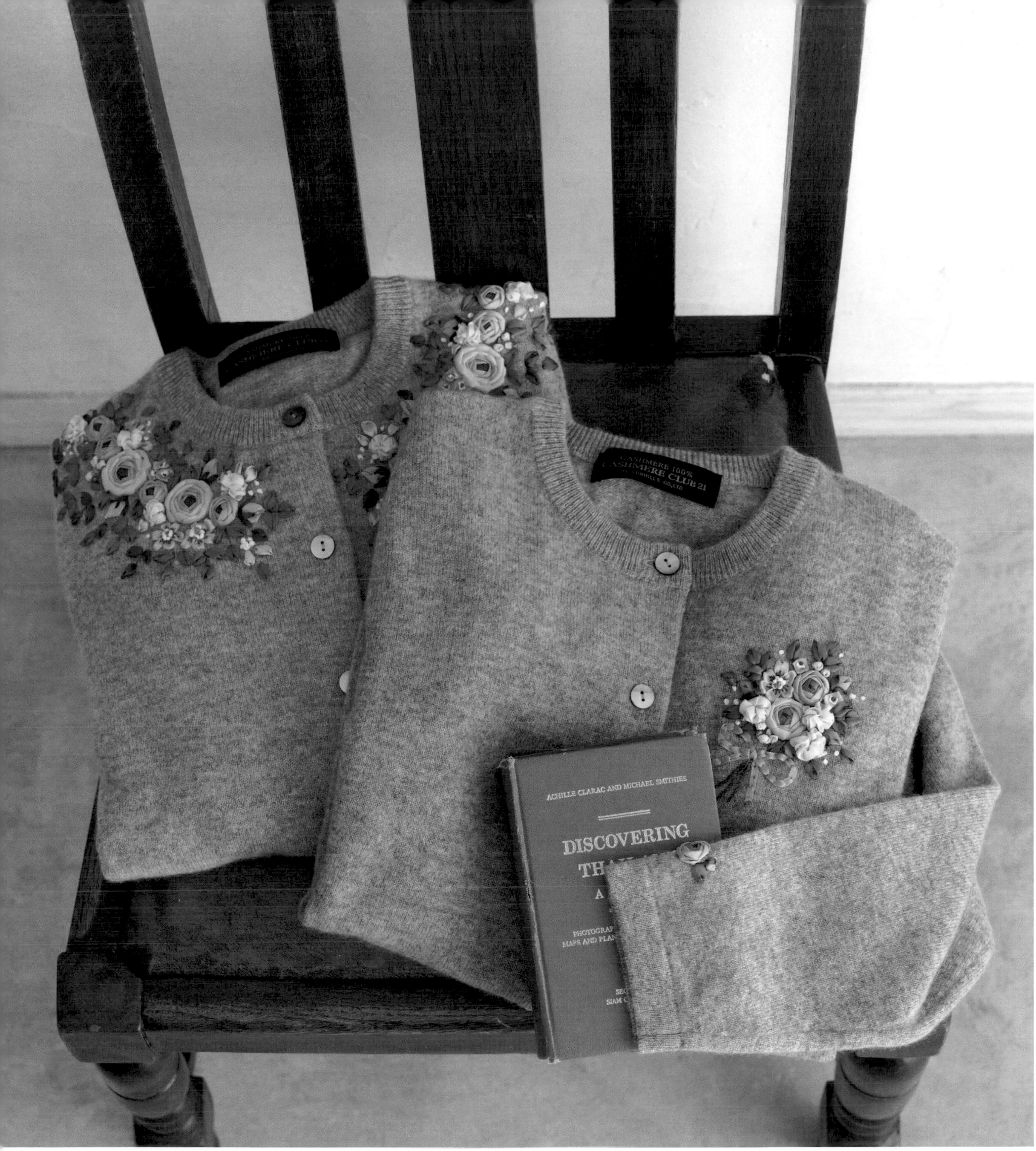

19 緞帶花束開襟衫

××××

在胸口花束及袖口進行單一刺繡，是惹人憐愛的緞帶繡開襟衫。
一系列的花朵滿滿裝飾在領圍的設計，
也因減少色調而展現高雅印象。

使用緞帶 ››› MOKUBA embroidery 緞帶、日本紐釦貿易正絹刺繡緞帶、
FUJIYAMA RIBBON embroidery 緞帶　原寸圖案 ››› 作品圖案 A 面

高村さわ子

愛好手藝，享受緞帶繡特有的呈現效果與氛圍。以胸針、髮圈、隨身鏡等小物為中心進行創作，偶而也會參加手作販售活動。

青木和子的小小刺繡之旅

petit voyage

Vol.16. GARDEN & WILD FLOWERS

青木優子

由優子小姐庭園種植的各種花卉所製作出的另一個庭園，「箱庭」作品。
一朵一朵都細心地，依照庭園的樣貌自然乾燥製作而成。

青木優子小姐表示一開始是以
英國花園般的庭園為目標。
奮力於庭園造景，在嘗試錯誤中發現到
日本風土、自然生長於各地野生種的魅力。
於是混合了園藝種和野生種的庭園就此誕生。
為了將融合兩者，
營造出絕妙和弦的庭園，
累積於自己的田園生活之中，
青木和子小姐便前往造訪。

契機是憧憬

青木和子（以下簡稱．青）　在Instagram上參觀，我覺得是很棒的庭院。種植野花並在花店中販賣，因此我以為花是種植在寬廣的田中，沒想到在住宅區竟然有這樣的庭園，真是嚇到我了。

青木優子（以下簡稱．優）　還有別處花田，但也在那裡種植。

青　為何會種植野花呢？

優　20年前我很嚮往英式庭園。但或許是不適應日本的氣候，當時一直種不活…。

青　這裡的植物看起來全都很茂盛呢！是從種子開始栽種的嗎？

優　雖然並非如此，但其中也有沒栽種卻恣意生長的植物。我想應該是由鳥兒帶過來的。或許也是因為我這裡的腐植土不錯的緣故。

青　每種植物都會尋找自己覺得舒適的地方。這種葉子我家院子也有。其實我最近正在進行整修，庭院變得相當清爽。看到這樣茂盛生長的景象，我家的庭園造景或許還要再稍微改變一下…。

在玫瑰園中的修行

青　是在哪裡學習庭園造景的呢？

優　原本是從事雜貨設計師。因為興趣而種花，漸漸地想要從事花藝，因此變成了自由設計師。晚上工作，白天則在名為Rose Garden Alba這個地方學習。

青　這是玫瑰園的先驅呢！我也曾經去過。精選的原生種玫瑰非常漂亮。

優　在此獲得珍貴的體驗，學到各種事物，對我很有幫助。

野花，作為植物的姿態相當純樸。
毫無餘地、工整地展現品種的特徵。
對於刺繡來說相當容易表現。（青木）

1 以乾燥劑維持著鮮豔色彩的各種野花。 2 費時打造的優子庭園，眺望隱密的庭園入口。 3 表示喜歡原野的青木小姐。在看見優子小姐的庭院，發出了「果然很棒」的歡呼聲。 4 青木小姐繡的野花。

只要去旅行，就會取得該地自生的品種。
耗費10年，就成為現在的樣貌。（優子小姐）

青　雖然如此，那又是怎樣開始販賣切花的呢？

優　受到附近鄰居因為小孩畢業典禮等因素委託，以此為契機。但和園藝品種不同，野花一旦束起就會立即枯萎。我便開始研究要如何保存久一點，並且主動詢問附近的復古家具店是否可以販售。

名為「箱庭」的新型態表現

青　也會在販售活動等場合販賣名為「箱庭」的商品。這也非常漂亮！

優　由於野花實在很難長期保存，因此我想乾脆就作成乾燥花吧！這樣一來也可以送給在遠方的朋友。

青　不單只是乾燥花，以箱庭這樣的型態表現，從這方面可以感受到優子小姐的品味。最近也以出書等各種形式呈現呢！

優　花朵並不是只有美麗，我覺得加上故事更加有趣。身處在要講述背景故事的時代。我認為花朵也應該因應時代，逐漸改變追求的方向。

青　野花沒有多餘之處，展現極簡的主義，我以刺繡也很容易表現。這次想試著繡看看充滿優子小姐世界觀的箱庭。

青木和子

刺繡設計師。以獨特的敏銳度所繡的植物和旅行刺繡更加受到歡迎。長年整理自家庭園亦有深厚的造詣。除了雜誌、單行本之外也從事廣告和材料組設計等，業務範圍廣泛。《青木和子的刺繡生活手帖：與花草庭園相伴的美麗日常》（日本VOGUE社/NV70342）、《青木和子的花刺繡（暫譯）》（日本VOGUE社/NV70529）、《青木和子的刺繡散步手帖》（文化出版局）等，著書眾多。最新著作為《青木和子的刺繡北歐筆記（暫譯）》（文化出版局）。部分繁體中文版著作由雅書堂文化出版。

※目前搬遷至佐倉草笛之丘以玫瑰園形式開放中。https://kusabueroses.jp

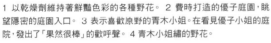

從喜愛的事物所延伸出的世界，
會隨著當事人品味而不同。
從這個庭園所誕生的「箱庭」
就像是濃縮了優子小姐的世界一般。

20 來自GARDEN & WILD FLOWERS 的「箱庭」

將放入「箱庭」的乾燥花們，
一朵朵素描之後再聚集起來。
數朵重疊之處就以紗網呈現。
最後綁上刺繡用緞帶就完成了！

使用繡線 ›››DMC5 號‧25 番號繡線
A‧F‧E=Art Fiber Endo 麻線
原寸圖案 ››› 附錄刺繡圖案集 P.88

下圖 優子小姐創作的第一本寫真集《GARDEN & WILDFLOWERS BOOK》。是從2015年起的紀錄。在印刷和質感方面也相當講究。文庫本尺寸的書籍，附有庭園中的乾燥花信件組。

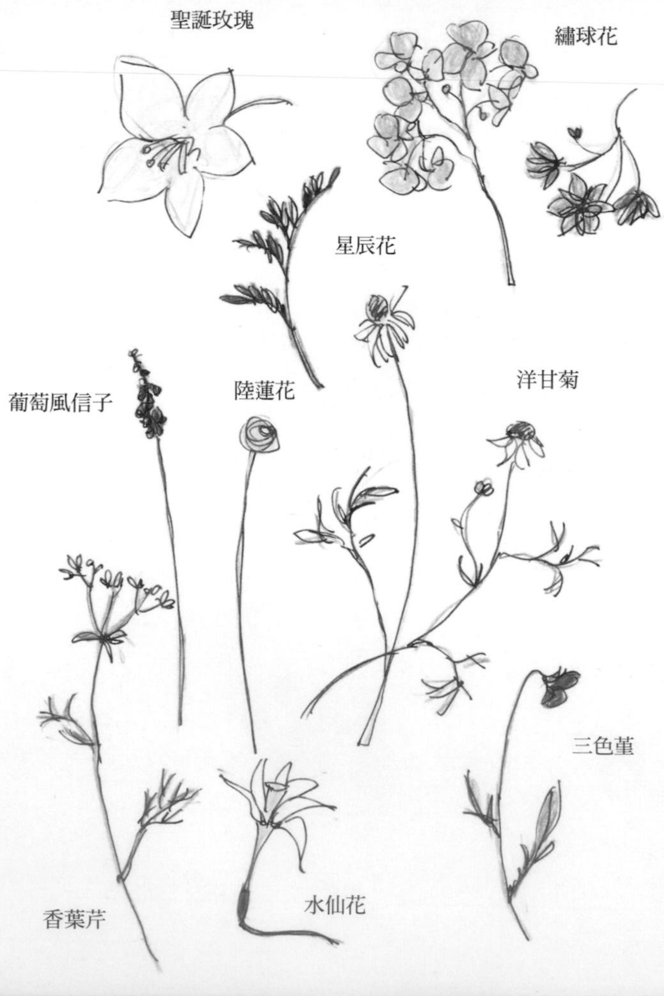
聖誕玫瑰
繡球花
星辰花
葡萄風信子
陸蓮花
洋甘菊
三色堇
香葉芹
水仙花

GARDEN & WILD FLOWERS／青木優子

在東京郊外的庭園，栽培野花等草花，並當成花材提供給花店。比起最新品種，更想要販售能夠由母親傳給女兒，這類具有懷舊感的花材。

https://www.gardenandwildflowers.com/

單純地喜歡花卉，
認真鑽研這件事情，
不知不覺就變成了工作，
著迷於野花深奧的魅力當中，
現在正身處於傳遞這份心意
所「呈現」的世界中。（優子小姐）

1～3，5～6 優子小姐的庭園，從惹人憐愛的野花、山林野草、鳥兒帶來的植物，到日本路旁盛開的品種，是以獨特視角所形成的混合庭院。 4，7 由庭園中的草花所製作的乾燥花，以及收錄了庭園記錄的第一本寫真集。 8，9 接近自然的庭園當中亦存在著無數訪客。這天也有許多蜜蜂與蝴蝶來訪。

在散步的途中，
遇見讓人心動的植物，
不如就將它們幻作圖案，
刺繡在美好的記憶中吧！

青木和子的刺繡漫步手帖

青木和子◎著
平裝／96頁／19×21cm／
彩色＋單色／定價420元

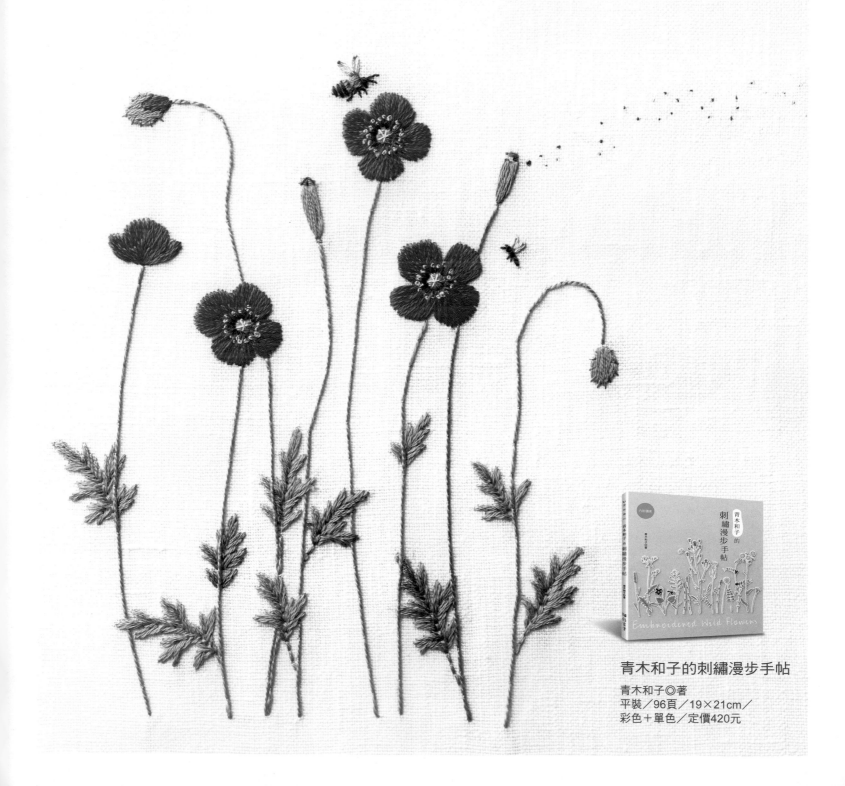

以「散步」時相遇的野生植物為題，創作各式花樣的可愛花草、昆蟲、小鳥等圖案，是青木和子老師在製作作品時，一邊回味，一邊記錄散步生活的日常樂趣。借由與不同植物的對話，在內心萌發創作初心，將野生花草的獨有風格與生長特色作為靈感，在繡布上作出每一幅如畫的刺繡圖繪，搭配優雅的文字，就像是帶領著讀者，一起悠遊在伴著刺繡與詩意的旅行中，讓人感覺暖心又倍感療癒。本書內附圖案及基礎繡法、工具、材料介紹，邀請喜歡刺繡的您，隨著青木老師的腳步，一同徜徉在布滿香氣及原野芬香的花路上，收集所有因為手作而凝聚而成的美好相遇。

聖誕節的刺繡

享受經典配色，以優雅的圖案帶來成熟風情…
以刺繡製作當成禮物，也會令人開心的聖誕小物吧！

photograph 白井由香里　styling 西森 萌

聖誕色彩掛飾

集合了紅色・綠色・金色的飾品。以立體的茶壺或香檳墜子增添歡樂氣氛。

使用繡線 >>>COSMO25 號繡線・錦線（にしきいと）
How to make >>> P.110
原寸圖案 >>> 作品圖案 B 面

21 xxxx

22 xxxx

23 xxxx

宮田二美世（NOEL）

以「可愛、開心、想每日隨身攜帶的刺繡」為主題製作作品。經營刺繡教室「SALON DE NOEL」。部落格 http://www.ameblo.jp/salon-de-noel/
Instagram @salondenoel

素材提供／（株）LECIEN COSMO No.1700 Free Stitch 用棉繡布

星型 Biscornu

以挑縫周圍回針縫，捲邊縫製的
Biscornu作法製作星形針插。
若縫上緞帶，亦可當成裝飾。

使用繡線 >>>DMC25 號繡線
How to make & 圖案 >>> P.111

24
××××

26
××××

25
××××

安田由美子（NEEDLEWORK LAB）
個人簡介請參照 P.62

 素材提供／DMC（株） DMC IL9286BX 亞麻繡布 28ct

ヒトハリ 山本見加子

在大阪府兵庫縣舉辦刺繡教室。
Instagram @hitohari0712

27
XXXX

聖誕花環無框畫

卡其色亞麻繡布上的紅色圖案讓人印象深刻。使用霧面質感的花線。是看似複雜，卻是由基本針法組合而成的設計。

使用繡線 >>>OOE 花線
原寸圖案 >>> 附錄刺繡圖案集 P.89

28

××××

柊樹與聖誕彩球掛畫

適合想以平靜氛圍享受聖誕節的人。若是收納進金色相框之中，也非常適合當成贈禮。

使用繡線 ››››DMC25 號繡線・DIAMANT GRANDE

原寸圖案 ››› 附錄刺繡圖案集 P.90

渡部友子（a Little Bird）

在網頁及部落格中介紹刺繡、法式布盒及拼布等手作生活。除了在手藝雜誌發表作品之外，也經常參與販售活動等場合。

http://www.asahi-net.or.jp/~ui5h-wtb

 素材提供／DMC（株） GAKU24-10L 書籤專用框（L）

歡迎來到
オノエ・メグミ的
刺繡植物園！

超可愛收錄40款人氣花卉植物，
滿足花草刺繡迷的手作少女心！

「以歐式刺繡基礎為特色創作的日本超人氣刺繡職人──オノエ・メグミ，豐富表現主題「植物園裡的風景」，收錄各式各樣的花卉、草本植物及童話感的可愛女孩圖案，一展手作人的銀漫創意，猶如帶領著讀者散步在花園裡，自玫瑰園進入，遇見了香草庭園，還有人氣感爆棚的仙人掌造型刺繡，搭配12個月份的花卉等，製成極具生活感＆實用性的刺繡小物，將其裝飾在服裝或配件上，也都是很棒的手作提案；新手就能簡單完成的口金包、胸針、小框飾，オノエ・メグミ老師皆在書中貼心地以全圖解的方式示範，是初學者也能夠製成的入門品項。
本書內附圖案及基礎繡法、工具、材料等詳細介紹，在悠閒的刺繡時間，拿起針線，與オノエ・メグミ老師一同進入歐式刺繡的美麗植物園，自在漫步，與可愛的手作們同遊其中吧！

歐式刺繡基礎教室：
漫步植物園

オノエ・メグミ◎著
平裝／64頁／21×26cm
彩色＋單色／定價420元

和風刺繡小物

以十字繡、小巾刺繡、地刺し…這些不同的技巧，繡和風主題的圖案。
是能享受使用樂趣的刺繡小物。

photograph 白井由香里　styling 西森 萌

十字繡紅包袋

繡了達摩、吉祥鯛、富士山的紅包袋。
不只是壓歲錢，放入便籤或是小禮物也不錯。
是以白膠黏貼Aida繡布完成的簡易作法。

使用繡 >>>DMC25 號繡線
How to make >>> P.112
圖案 >>> 附錄刺繡圖案集 P.91

新井なつこ
個人簡介請參照 P.60

小巾刺繡口金零錢包

配合丑年，花紋是變化自「赤べこ（紅牛）」及傳統圖案「べこ刺し」的小巾刺繡。
並使用了以柔韌真皮包覆的口金。

使用繡線 >>>Olympus 小巾繡線
How to make >>> P.113
圖案 >>> 作品圖案 A 面

植木友子（ハリノヲト）

活用傳統紋樣（モドコ）的小巾刺繡小物，以及獨特的原創圖案廣受好評。作家名號「ハリノヲト」中包含有「針之音」和「針筆記」兩種意思。在VOGUE學園橫濱校、名古屋校、心齋橋校等地擔任小巾刺繡課程的講師。著有<<小巾刺繡玩紋樣（暫譯）>>（日本VOGUE社）。
http://harinowoto.com/NV70385

32
××××

33
××××

素材提供／Olympus 製絲（株）…Olympus No.3500 亞麻繡布　日本紐釦貿易（株）…皮框口金（黑色＝TAK2-B 約 W15.5 × H7.3cm、紅色＝TAK1-R 約 W10 × H5cm）

地刺し®束口袋

數布目規則刺繡，製作圖案的「地刺し」。
圍籬搭配上紅蜻蜓、市松紋樣搭配上松樹的圖案組合。

使用繡線 ›››COSMO25 號繡線、DMC5 號繡線
How to make ››› P.114
圖案 ››› 作品圖案 B 面

34
××××

35
××××

戶塚刺繡研究所・戶塚 薰
制作／平義由紀子・小山友香・佐藤理恵・松野愛

以製作刺繡作品為首，亦從事繡法、材料等方面的研究，以及刺繡相關書籍的企劃製作。並負責戶塚刺繡協會會員的技術資格審查，且舉辦提昇刺繡技術的講習會企劃。

※地刺し® 為戶塚刺繡研究所註冊商標。

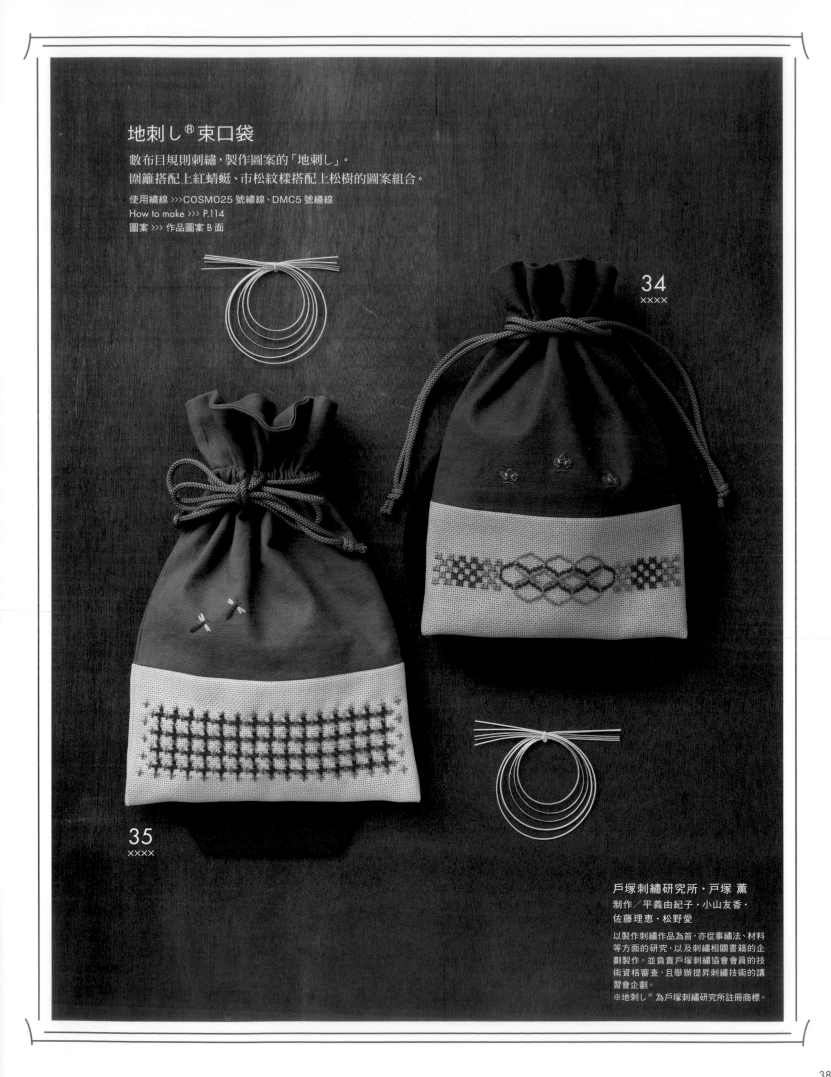

沖 文

1978年出生於熱海。畢業於女子美術短大服飾科刺繡課程。師承江戶刺繡專家竹內政治氏。自2004年開始經營日本刺繡教室。著有《日本刺繡的「いろは」（暫譯）》（日本VOGUE社/NV70564）。
http://oki-fumi.com/index.html

36
××××

37
××××

茶花與梅花迷你波奇包

將初春的日本花卉以素雅的繡線描繪。
可收納智慧型手機大小的簡單款波奇包。
掛繩的長度依個人喜好而定。

使用繡線 >>>FUJIX Soie et Sparkle Lame
How to make >>> P.115
原寸圖案 >>> 附錄刺繡圖案集 P.91

1／決定年度主題，每個月一定要完成1個作品的bitte小姐。2018年是以數字與花為題，挑戰原創設計。「6月是額紫陽花，7月是浜茄子（日本野玫瑰）和雪絨花。反覆嘗試錯誤，最後終於堅持完成12個月的創作。」　2／以刺繡呈現法國的糖果罐。「一邊選擇配色及繡法，一邊進行的製作是辛苦又快樂的時光。」

1

2

Stitch for life

刺繡日常

因熱衷運針而忘記煩惱，
能夠專心一意———。
手藝似乎具有療癒人心，
使人成長的神奇力量。

photograph 白井由香里
edit & text 梶 謡子

Stitch for life 1

bitte

在平淡無奇的日常之中，也有好多設計靈感

Idea source

1／為了紀念初次造訪嚮往的咖啡廳所製作。「最難的地方是威廉•莫里斯的壁紙。耗費將近1個月才完成。」 2／從第一眼看到時就想著「哪一天想來繡看看！」Propeller Studio的卡片。「得到許可之後，就試著圖案化。」 3／據說bitte小姐常常一邊追劇一邊刺繡。晨間小說連續劇『夏空』，從看到劇名標誌的瞬間起，就躍躍欲試地想繡看看。「使用了質感柔和的COSMO25號繡線」。

悸動或感動是靈感泉源

——bitte

除了自己動手之外，也喜愛欣賞、蒐藏作家創作的ｂｉｔｔｅ小姐。

「母親在工作之餘，也喜愛蕾絲鉤編、人造花飾以及黏土細工等等，曾經務農的奶奶也是一位從和服裁縫到編織，從草鞋到編席什麼都很擅長的手作人，因此我是在手作的日常生活中長大的。」

在生第一胎時，經常製作拼布小物這類手作的ｂｉｔｔｅ小姐，到了第二胎出生之後就變得沒有多餘的心力，在接下來的數年便過著忙於育兒的每一天。

再次拿起針的契機是２００８年的北歐之旅。第一次到丹麥旅遊，便購買了許多十字繡材料組，在回國之後重現博物館所見到的古董繡樣本繡。之後幾度造訪瑞典，停留在Ｄａｌａ Ｆｌｏｄａ這個小村莊，也體驗了羊毛刺繡的手藝講座。

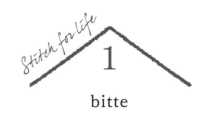

Stitch for life 1

bitte

北歐之旅 讓我了解手工藝的樂趣

2

3

1／取自瑞典設計師Brit B懷舊十字繡的部分圖案，進行刺繡。「為了活用原本的設計，花了不少時間選擇顏色和繡法。」 2／於2008年夏天初次造訪北歐。一邊看著丹麥工藝博物館所展示的十字繡樣本繡照片，一邊照著作。「放大照片，數每一目畫出繡圖，再找出相近的顏色完成刺繡。」 3／把在丹麥咖啡館所喝到的接骨木花飲品標籤製作成刺繡。「文字是以1股25號繡線繡的。」

1

Inspiration from Scandinavia

7

Atelier

6

5

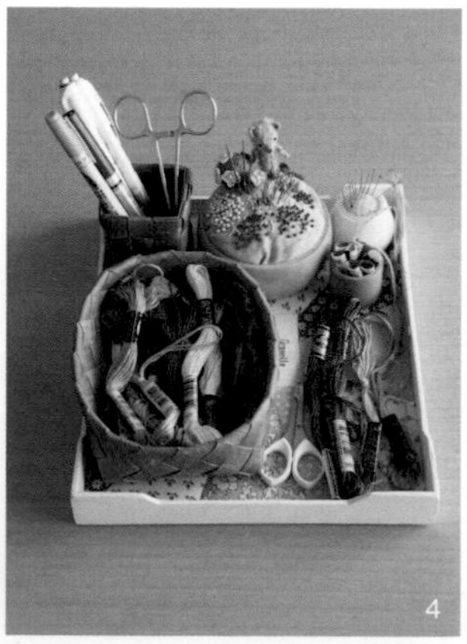

4

4／將經常使用的工具收納在一個托盤，放在桌子上備用，隨時都能立刻開始刺繡。 5／眾多的繡線都收納在DMC繡線櫃中。「由於有分隔非常好整理，能夠立刻找到想要的顏色。」 6／讓我想著某一天要繡看看的是這個。「日常生活中有許多靈感。將身旁的物品試著以自己的方式圖案化，相當有趣。」 7／「期待沒有工作的日子可以盡情地刺繡」bitte小姐抱持著這樣的想法創作著。Instagram @bitte_206

在組合有限的繡法，能自由表現的自由繡中感受到深奧之處

Flower motif

1／Susie Cooper的”花環”是找了很久才找到喜歡的款式。想以刺繡展現其細緻柔和的色調，因此製作了相同花色的茶壺保溫罩。　2／參考蓬萊和歌子的《大人的花刺繡》（日本VOGUE社出版），將樣本繡變化成花圈。「為了盡量不要破壞原作品的感覺，增減圖案。一邊分析設計一邊進行刺繡」』

遇見刺繡成為了重新認識自己的契機

我剛開始刺繡的時候，都以十字繡為主，但近幾年自由繡更吸引我，bitte小姐說道。特別喜歡的手作家是樋口愉美子、青木和子、蓬萊和歌子、Kanae Entani、進藤實可子等人的設計，是感受到將有限的繡法，藉由巧妙地組合加以呈現的魅力。

「實際上幾乎沒有解說細節部分的刺繡書。因此一邊看書，一邊以自己的方式分析，樂在研究如何才能夠繡得漂亮。當原本不擅長的繡法能夠繡得漂亮時，特別有成就感。最近已經可以用自己的方式進行變化了！」

能感受到進步的效果是自由繡最大的魅力，bitte小姐表示。

「藉由心無旁騖地動手，逐漸累積經驗，接下來還能夠繼續成長，這是刺繡教會我的事。」

以山形傳統工藝品「飯詰籠」作為基底的針插。在會津木棉布上以色線繡上刺子繡，作出可愛感」。較近的是以格紋連接的長井刺子繡傳統圖案「向日葵」。

Stitch for life 2

momo

動手作的同時，腦海中浮現的是當地所見的美麗群山

想要將小心孕育出的刺子繡魅力傳達給許多人

——momo

以日本三大刺子繡之一，廣為人知的庄內刺子繡為首，每個地方都存在著豐富刺子文化的山形縣。其中長井市自古流傳下來的便是「長井刺子繡」。受到長井刺子繡吸引，「無論如何也想在當地學習」，懷抱著這樣的熱情，ｍｏｍｏ小姐敲響教室大門至今已經3年了！

「每個月1次，因工作之故，需前往仙台洽公，以該處為據點尋找能夠上課的教室時，恰巧因行程能夠配合，所以下定決心開始上課。每個月2次卻只能到課1次，因此要熟練課程就變得很辛苦，但經過3年總算能夠掌握整套技術。」

長井刺子繡據說經常使用會津木棉布。這是由於長井市距離福島縣會津當地很近的緣故。ｍｏｍｏ小姐也遵循慣例，堅持使用會津木棉布進行作品創作。

「手感絕佳，穿針流暢。時髦的色調也很多，因此能融入現代生活這點也讓人感到很開心。」

Traditional motif

1・2／裝飾了傳統圖案的橫式午茶墊。不僅是表布，連裡布也使用會津木棉布，這是momo小姐的堅持。「擺設酒或小菜剛剛好的大小。為了被水滴弄溼也方便晾乾，因此縫上了吊環。」　3／給年輕女性華麗的款式，男性用的就製作成雅緻的沉穩色彩——是像這樣一邊想像使用者，一邊思考設計的名片夾。作品在道路休息站「川のみなと長井」等地點販售。　4／長井刺子繡是以一目刺為基礎。在布料畫上方格，以一定長度的針目依照直、橫、斜向的順序進行刺繡。
https://www.momo-sashico.com/

Stitch for life 2

momo

終於遇見能表現自我風格的手作。

1・4／設置在房間一隅的工作空間。架子上依照線、布，以及縫紉機等種類區分收納。　2／製作作品不可欠缺的會津木棉布，慣用「山田木棉織元」的產品。「因為無法時常造訪本地，因此可以去的時候就會一口氣購入。由於每個季節的色調都不同，因此選擇也很豐富。也常常一邊選擇布料，一邊思考設計。」　3／momo小姐其實慣用左手。由於圖案集多半針對慣用右手者製作，因此多半會從解讀圖案，並同時思考刺繡方向順序開始製作作品。「刺繡順序只要稍微不同就會變成不一樣的圖案，因此每天都不斷有新的發現」　5／為了方便使用，收納整齊的桌子周遭。鐵製的線軸架能讓繡線不打結，流暢地進行製作，非常好用。

Atelier

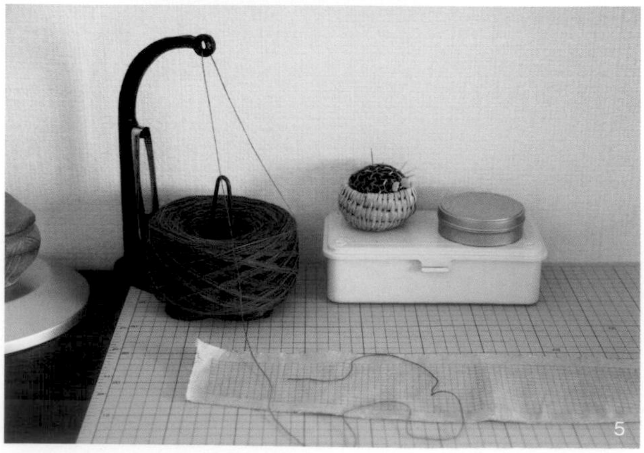

進行活用傳統技術，並貼近現代生活的手作

from daily use

1‧2／左邊是為了教室的展示會所製作的枕套。「經過多次失敗，總算是完成了。」「柿子花」對momo來說是最愛的傳統紋樣。將3種圖案分別繡好，再縫合而成，是如此這般設計也很講究的力作。　3／試作的波奇包，因背面的處理不漂亮，故作為自用。「因為喜歡紋樣的配置，以及和裡布的搭配，因此經常使用。」　4／由於想要遮蓋愛貓的生活用品，因此製作了大張蓋布，咖啡色的亞麻布和自然風格的線條組合，非常適合素雅的居家裝潢。

只要心無旁騖地運針，心情也能煥然一新

直到數年之前，都還在東京都內從事室內裝潢的momo小姐。

「雖然覺得很有工作價值，也很開心，但時常要以招待客戶為重心，也因此常感到心靈疲憊…」

這時在SNS上偶然看見的是刺子繡。這樣細密的圖案要怎樣才繡得出來呢？抱持著這樣的疑惑，立即前往手藝店。一口氣買了20塊印刷好的布料，埋頭製作家事布，這樣的開始令人震驚。

「因熱衷而動手作的同時，煩惱也不知不覺地消失了，每當完成1塊家事布時，心靈就煥然一新。」

因為想讓更多人知道長井刺子繡的存在，因此現在以「momo+sashico」的身分推廣中。

「以長井刺子繡為基礎，一面活用傳統技術，並以能夠融入現代生活的物品創作為目標。我認為古老的事物並非以舊有的型態就這樣結束，而是化身為新式傳統，與未來接軌延續下去。」

戸塚刺繡的

地刺し®刺繡小物

將「地刺し®」和自由刺繡組合，可增加作品創作的範疇。
此外，也會介紹當成地刺し®入門，
新發售的材料組，因此請試著從喜歡的物品開始製作吧！

Photograph 白井由香里 styling 西森 萌

地刺し®是指…

「地刺し®」是戶塚刺繡代表性的手法之一，
一邊數布目，一邊以1種或自由地組合數種繡法
製作圖案的技法總稱。
十字繡也是「地刺し®」之一。
其中也有不少簡單的繡法，初學者也可製作，
並可藉由繡法的組合擴充無限設計。
請用以製作單獨圖案或連續花紋，享受樂趣吧！
※地刺し®為戶塚刺繡研究所之註冊商標。

戸塚刺しゅう研究所・戸塚 薫

製作／平義由紀子・小山友香・佐藤理恵・松野愛

38
××××

樹與鳥

局部使用地刺し，
並以鎖鍊繡或輪廓繡等組合，
簡單地以白線呈現出樹林和鳥。

使用繡線 >>>COSMO25 號繡線
原寸圖案 >>> 作品圖案 A 面

愛花人繡出來！

超人氣刺繡名師——青木和子
最愛庭園花草大集合！

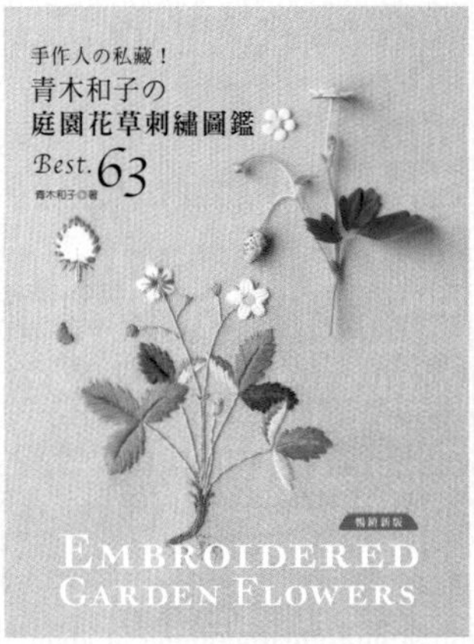

手作人の私藏！
青木和子の庭園花草刺繡圖鑑
BEST.63(暢銷新版)

作者：青木和子
定價：350元
19× 26cm・96頁・彩色+單色

可愛的三色堇、清新的小雛菊、人氣款的玫瑰花、充滿幸福感的鈴蘭......
熱衷於花草園藝的手作人，一定都很想每日與她們相伴吧！
若是能夠將喜愛的花草繡在布上，成為一幅幅美麗的居家小風景，以溫柔的氛圍布置日常，工作時也可以擁有最佳的優雅好心情！
全書收錄青木和子老師種過＆她最鍾愛的63款花草圖案，平時對於園藝相當研究，並將其創意融入手作，使每一幅作品都充滿生命力的青木老師，搭配詳細的基礎繡法介紹，以及極為講究的配色建議，讓每一種花草的表情，都能展現獨到的美感，她也特別在書中就各式花草的特性作了重點提醒，讓想要動手繡繡看的初學者，也能在家看書完成最愛的花草系刺繡，是愛花手作人必備的最佳學習入門書！

《 世界刺繡圖鑑 》

World Embroidery Guide

vol.17

Italy

義大利傳統刺繡
古典繡 Punto Antico －義大利西西里島—

photograph　白井由香里（P.53）和久井直生子（P.50・P.51 作品）いがらし郁子（當地採訪）　text　いがらし郁子

古董繡 Punto Antico 的歷史

「Punto Antico古董繡」是義大利自古流傳，數布料織線的區限刺繡。到1900年代初期為止，是由渡5股布料織線的繡法所構成，但現在則是以渡4股織線的繡法，描繪幾何學阿拉伯圖案。繡在細密布目上的針目，宛如石頭雕刻的浮雕般，但卻同時擁有布與線的手作所擁有的柔軟溫潤感。此技法自西元800年左右起開始使用，其源頭據說是西西里島。

西西里島上自西元前羅馬時代起，便擁有利用大理石天然色彩的繪畫性質馬賽克圖像文化。並且，由於追尋大海環繞溫暖富庶土地的北方諾曼人，以及受到伊斯蘭文化影響的阿拉伯人等民族的移民，西西里島便成為各種民族聚集的交流地。對當時歐洲圈的人民來說，東方文化是令人嚮往的異國文化，特別是對稱的幾何學圖案非常受到王宮貴族的喜愛，在宮殿及教會地板和天花板，裝飾上幾何學圖案的馬賽克繪畫。

由於這樣的背景，爾後由諾曼人所的建立西西里王國時代（1130～1194年），便開始發展起由西方細緻的繪畫性裝飾，以及伊斯蘭、拜占庭美麗的幾何學、連續紋樣，這些多重文化所融合而成的獨特文化。

❶ 布魯娜女士的餐巾組。拍攝於日本義大利使館。中世紀的貴族宅邸是否也像這樣以刺繡作品妝點餐桌呢？❷ 位於波隆那，聖斯德望天主堂中庭的馬賽克紋樣。❸ 古董繡協會的據點，波隆那市政府。

❶ 於烏比諾的拉斐爾老家。雕刻於石頭上的東方紋樣。❷ 於奧爾維耶托的教堂博物館。

布魯納女士所製作的桌巾作品。繡線的立體感非常美麗，在幾何學圖案之中可以感受到手作的溫度。

西西里王國時代的女性，從年輕時便擁有屬於自己的刺繡針法筆記，據說要盡可能地認識許多繡法來證明自己的價值。製作工作地點舉辦宴會用的桌布，或是縫製女主人的服裝等，對於當時的女性來說，自幼起刺繡技巧便被當成重要的文化教導。

過了不久，時代便進入文藝復興時期。這時，佛羅倫斯聚集了來自英國和法國的商人們，成為世界性的交易場所。在此之前被視為生活雜貨的刺繡作品，便被當成義大利特產帶往各國，不久便傳遍全世界。但相當可惜的是並未找到當時的圖案集或教科書種類。原因是「不想將這項技術告訴別人」這樣的人很多，因此沒有流傳下來。而這樣美麗的義大利特產風靡了歐洲各國的貴婦，義大利刺繡便成為各國貴族女士的「高級興趣」廣為流傳。此外，各國傾力研究，希望以自產取代昂貴的義大利刺繡，因此在歐洲各地進化成獨有的形態。據說這便成為之後的「Hardanger（挪威抽紗繡）」以及「Drawn Work（鏤空抽線繡）」。

❸ 布里亞大區托迪的街道。在翁布里亞大區境今依然能夠感受到中世紀的氛圍。❹ 位於羅馬聖母大殿地板上的馬賽克磚。❺ 維琴察市Monte Berico教堂牆壁上畫有可愛的馬賽克畫。

布魯娜女士所製作大型作品的桌巾（350×180cm），為日本義大利大使館所使用。

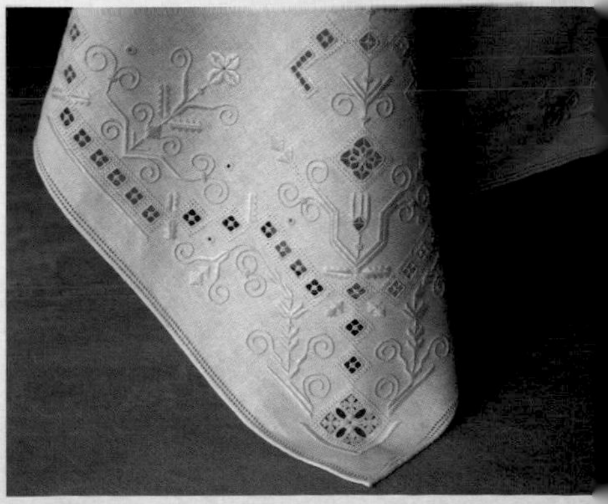

由古董繡協會所出版的技法書的部份。最近處的是由2017年布魯娜女士與筆者共同著作出版的第一本日語對照本。

❶ 使用藍色的布與線，為筆者的作品。❷ 與波隆那古董繡協會的各位老師， 2017年拍攝於聖喬凡尼。後排中央左側為布魯娜女士，右側為筆者。

古董繡的展望

我認識古董繡是出席Bolsena Ricama（義大利手工藝學校）的品評會，擔任審查員。來自義大利各地，美麗的刺繡和蕾絲作品排列在一起，其中特別耀眼的就是Bruna Gubbini（布魯娜古比妮）女士的古董繡作品。展示的收納小包，單純的幾何學圖案當中帶有說不出的輕盈柔軟，它的美好讓人震撼。

布魯娜女士為了讓義大利當地拓展管道也一直封閉的古董繡技巧再次普及，因此退休之後開始經營自家教室。過不久，當時還是布魯娜女士學生的瑪利亞碧亞女士等人，便於1995年成立了波隆那古董繡協會，並且由協會所發行的布魯娜女士美麗的作品集，短時間便再版，還登上義大利的刺繡雜誌。也可以說古董繡繡法細緻的美感，因此被全義大利甚至全世界的刺繡迷所重新認識。

不僅是古董繡，忙碌的每一天，要動手刺繡被認為是奢侈地使用時間。然而，專注於手作，調整心情，由自己親手孕育美麗物品的創作喜悅，是無關時代的重要課題！布魯娜女士說「我只要刺繡，心靈就會感到平靜」。但願古董繡對於義大利或日本的每一個刺繡迷，都能夠成為創造魔法的香料，以及邁向明日奇蹟的養分。

「義大利的傳統刺繡 Punto Antico」

いがらし郁子 著

NV70597　ISBN978-4-529-06012-7
尺寸：25.7 × 21cm
80頁（附大張圖案）

日本第一本古典繡技術書籍終於上市。基本繡法將以詳細的步驟照片解說。共刊登20件作品。杯墊以及餐桌中央飾布條不用說，優雅的口罩以及能使用在日常生活中的居家用品也非常豐富。

39
××××

雙色桌墊

素雅的灰色亞麻繡布搭配上
布料的同色繡線與淺粉紅色繡線。
一邊遙想古代馬賽克紋樣，
同時以良好的節奏刺繡。

使用繡線 >>>Anchor Ritorto Fiorentino
繡法 >>> P.116
圖案 >>> 作品圖案 B 面

いがらし郁子

高級女裝訂製服設計師。主導日本義大利刺繡普及協會「Club Incanta」。亦擔任Bologna・Punto・Antico（波隆那古典繡）協會日本分會代表。在隸屬義大利政府外交部的義大利文化會館舉辦古典繡教室。
http://www.iictokyo.com/scuola/prof_testo.html#igarashi

季節的十字繡

秋天到冬天，再到春天，
使季節慶典更加繽紛的十字繡。
想在繡好之後立即裝框作為欣賞，
是縫製方法簡單的作品。

40
××××

41
××××

萬聖節小熊

乘著飛行掃帚的魔女小熊及
率領著蝙蝠的吸血鬼小熊繡框裝飾。
黑與橘的色彩對比
瞬間炒熱萬聖節的氣氛。

使用繡線 ›››COSMO25 號繡線
圖案 ››› 作品圖案 A 面

石井敏江

最愛十字繡與夏威夷，以動物圖案和夏威夷圖案為中心進行作品設計。著有《夏威夷的十字繡2（暫譯）》（IKAROS出版）等書籍。
http://alohatoshie.wixsite.com/alohastitch

素材提供／（株）LECIEN…COSMO No.3900 Java Cloth55　日本紐釦貿易（株）…S2 繡框（直徑 12cm=S2-2・直徑 21cm=S 2-5）

photograph 渡辺淑克　styling 鈴木亜希子

42

××××

聖誕快樂！

發現禮物而倍感開心的小朋友們，
以及在旁邊微笑守護的聖誕老人。
配合直徑25cm的繡框，
以花環狀描繪出聖誕之日。

使用繡線 >>>DMC25 號繡線
圖案 >>> 作品圖案 A 面

Nitka（製作／三浦やす子）

「Nitka」是指線的意思。從小小的1條線所衍生出質樸又柔和的世界…。最喜歡這樣的刺繡，每日與線遊玩進行製作。
https://www.nitka.work/

 素材提供／DMC（株） DMC IL9286BX 亞麻繡布 28ct、MK0028 直徑 25cm 繡框

43

××××

富士山與寶船

加入滿滿最適合新年裝飾的
吉祥物圖案迷你繡帷。
以金色的金蔥線增添光輝，
更增添慶賀的氛圍。

使用繡線 >>>DMC25 號繡線・Diamant
圖案 >>>> 附錄刺繡圖案集 P.92・P.93

なかむらあつこ

刺繡作家。不受限於十字繡，使用各種技法製作原創作品。獨特的創作也刊登於法國手藝雜誌「marie claire idées」。
Instagram @al.chemic117

宗 のりこ

在擔任過廣告代理商設計師一職後，2011年取得日本手藝普及協會刺繡指導員證照。以「具有故事性的刺繡」為主題設計圖案，並進行製作。使用了色彩豐富且洋溢著玩心的原創圖案所製作的各種作品很受歡迎，也有不少刊登於書籍和雜誌中。不定期舉辦體驗講座或網路販售。

http://noriginal.net/

Instagram @ nonstopnon

44

××××

牛年 2021

每年都很受歡迎的生肖十字繡，
2021年是丑年。
跟紅牛排在一起的是
荷蘭乳牛、黑毛和牛，還有獅子舞！
這絕對是熱鬧歡樂的一年！

使用繡線 ›››Olympus25 號繡線

圖案 ››› 作品圖案 B 面

45

××××

天皇與皇后人偶

沒有小朋友的家庭或是無法擺出女兒節人偶的人，要不要在桃之節句時裝飾上十字繡女兒節人偶呢？是可以欣賞和服圖案的站立人偶款式。

使用繡線 >>>Olympus25 號繡線

圖案 >>> 附錄刺繡圖案集 P.94

あべまり

自年幼起就熟悉刺繡，在大學畢業後獲得歐風刺繡指導者的證照。以傳統技法為基礎，能慣用於現代生活中的時尚作品風格相當受到歡迎。除了在各地舉辦體驗講座之外，目前也在NHK文化中心開設能快樂並確實學習技法的刺繡教室。

http://ateliierm.blog.so-net.ne.jp/

素材提供／Olympus 製絲（株） Olympus No.3800 Aida 繡布 14ct

46

××××

端午節

金太郎和森林裡的好友們正在拔河，
後方的鯉魚旗游向了5月寬廣的天空中。
歡樂熱鬧的兒童節十字繡。

使用繡線 >>>COSMO25 號繡線・錦線（にしきいと）
圖案 >>> 附錄刺繡圖案集 P.95

平泉千絵（happy-go-lucky）

以「成熟女性專屬的可愛十字繡」為宗旨，進行讓人雀躍的圖案設計和製作。具有動態感的原創動物圖案特別受到歡迎，並多次於書籍和雜誌中刊登。同時也進行網路通路販售。
https://chiehiraizumi.com

 素材提供／(株) LECIEN…COSMO　No.3900 Java Cloth 55

第 5 回

西須久子 × 新井なつこ

刺繡 & 對談

主題

繡框

2位刺繡作家針對1個主題，
帶來作品和對談的頁面。
本次主題是大家一定都擁有的「繡框」。
不同的刺繡技法，好用的尺寸也不相同…。

photograph 白井由香里　styling 西森 萌

經常使用的尺寸是？

西須久子（以下簡稱・西）　若說到刺繡的必備工具，一定要帶去教室的物品…。新井なつこ（以下簡稱・新）　最先想到的是繡針、繡框和剪刀。通常你都是用直徑多少的繡框呢？

西　多半是12㎝的吧！繡白線刺繡或Schwalm白線繡也會使用10㎝或8㎝。

新　小尺寸的比較好用。立體刺繡中經常使用8㎝。左手拿著繡框時，小的拿得比較穩。若太大，與其說動作會不靈活，不如說左手快要抽筋了（笑）。

西　抽緯線，捲縫經線的抽紗繡也會使用18㎝。想橫向長距離刺繡時，大繡框就不用重繃好多次了！教室裡也有人帶橢圓形的繡框。

新　橢圓形的繡框，攜帶時不佔位子，似乎不錯。

西　抽緯線，捲縫經線的抽紗繡也會使用18㎝。想橫向長距離刺繡時，大繡框就不用重繃好多次了！教室裡也有人帶橢圓形的繡框。

新　橢圓形的繡框，攜帶時不佔位子，似乎不錯。

西　經常有人問說「可以把已經繡好的針目繃入繡框嗎？」我的確會這樣作喔！如果不繃入，就沒辦法刺繡，我會在全部繡好之後用水洗過，再燙過，因此不在意皺紋。

新　我想應該是擔心繡框夾壞針目…。

西　正因如此，所以立體刺繡這類立體的種類不裝框，但若裝上框後針目壓扁或歪掉，大概是由於拉線力道太弱。

新　若是繡得好，就算在捲線繡上夾繡框也不會塌掉！

西　相反地，若拉線力道太強的人，也一定要使用繡框。成品效果會截然不同。

新　還有，在刺繡時不管怎樣布料都會下垂或捲起，因此要頻繁地重新繃框，隨時在布繃緊的狀態刺繡最好。

繃入繡框中

新　初學者開始製作時，若要買繡框，我推薦12㎝。也因此本次作品2人皆以可納入12㎝繡框的尺寸製作。

西　我的作品對摺之後，在裡面加入了口袋及固定繡框與剪刀的緞帶。

新　內側使用的印花布，非常適合藍色刺繡，很可愛！

西　縫製小東西時，就會想要像這樣在內側布料或緞帶也都很講究。刺繡之後再來尋找合適的圖案布時，出乎意料地很難找到，因此一旦有可愛的種類就會忍不住買下。

新　我作了拉鍊波奇包。自己用的就會想製作成大約A4左右的款式…。

西　這種大小應該也很方便使用。而且可以放進較大的剪刀。

新　刺繡教室的學生也有很多人是用手作的收納包或波奇包喔！能欣賞到這樣的作品也很開心。

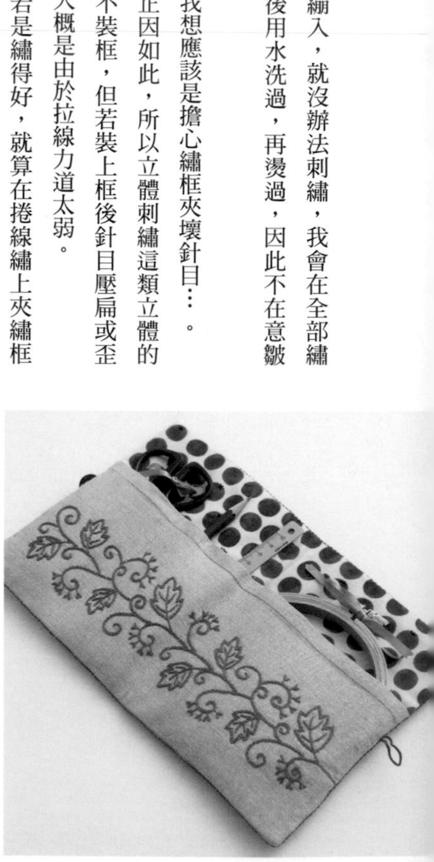

西　因為能感受到他們投入的感情呢！我想大家都希望使用可愛的、喜歡的用品開心的刺繡！

西須久子（作品 47）

刺繡作家。除了十字繡之外，也運用各種繡法製作原創作品。於VOGUE學園橫濱校等各地擔任刺繡教室講師。著有「刺繡教室：20堂基本&進階技法練習課」（日本VOGUE社發行/繁體中文版為雅書堂文化發行）等眾多書籍。

新井なつこ（作品 48）

在任職於服飾公司之後，遠赴義大利米蘭從事設計助理。師承於西須久子門下學習刺繡。於VOGUE學園東京校、橫濱校開設立體繡課程。著作有「超入門！立體繡教學BOOK（暫譯）」（日本VOGUE社/NV70408）。Instagram @natsuko1673

47
××××
縫紉包

最大可放入直徑12cm繡框的縫紉包。
若能依照內容物調整口袋隔層會更好用。

使用繡線 >>> DMC25 號繡線
How to make >>> P.117
原寸圖案 >>> 作品圖案 B 面

48
××××
拉鍊波奇包

想要攜帶零散的刺繡工具時，
有拉鍊的波奇包非常方便。
十字繡圖案搭配上真正的鈕釦。

使用繡線 >>> DMC 25 號繡線
How to make >>> P.118　圖案 >>> 作品圖案 A 面

 材料提供／DMC（株）　DMC IL9286BX 亞麻繡布 28ct（作品 48）

作品及教學雖然是S Size（一般女性適用），但也有收錄M Size（稍大・男性用）・SS Size（稍小・兒童用）的紙型。P.65的應用作品則在內側作有可放入濾芯的口袋。

使用繡線 >>> COSMO 25 號繡線
How to make >>> P.63 ~ P.65
原寸圖案．紙型 >>> 作品圖案 A 面

Basic Lesson of STITCH IDÉES

××××

縫製技法教學

立體口罩

實用性高的立體口罩。
南天竹、葫蘆、鱗紋樣…等吉祥圖案的刺繡是重點。

49
××××

50
××××

51
××××

安田由美子
（NEEDLEWORK LAB）

文化服裝學院畢業後，於該校擔任裁縫教師。目前正在進行法文手藝書的日語版審定工作。著有<<新手也能繡得漂亮的刺繡基礎（暫譯）>>（日本文藝社）。
http://mottainaimama.blog96.fc2.com/

素材提供／（株）LECIEN COSMO No.1700 Free Stitch 用棉繡布

photograph 白井由香里（P.62）森谷則秋（P.63 ~ P.65） styling 西森 萌（P.62）

S Size　※全部含縫份

表布

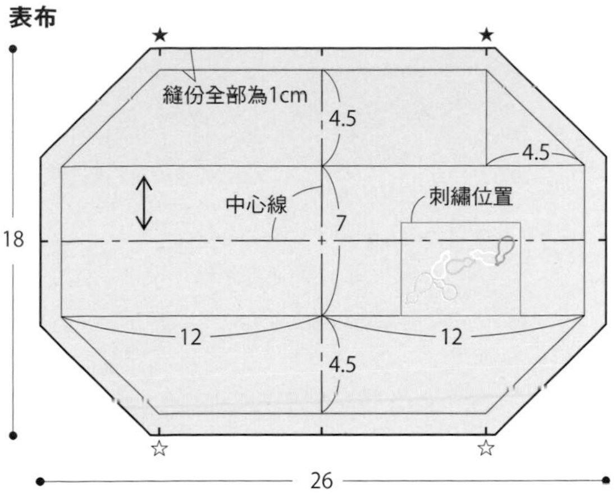
★
★
縫份全部為1cm
4.5
4.5
中心線
刺繡位置
7
18
12
12
4.5
☆
☆
26

裡布

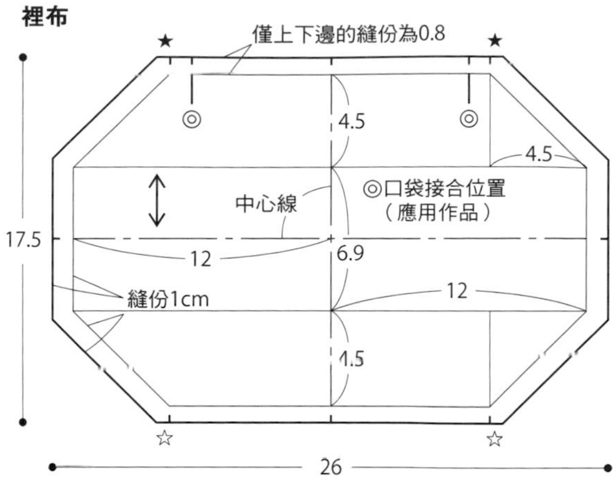
★
僅上下邊的縫份為0.8
★
4.5
4.5
中心線
◎口袋接合位置
（應用作品）
17.5
12
6.9
縫份1cm
12
4.5
☆
☆
26

紙定規（使用厚紙製作）

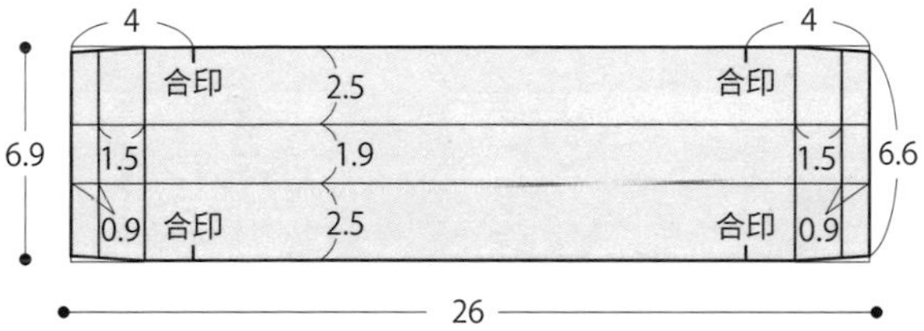
4
4
合印
2.5
合印
6.9
1.5
1.9
1.5
6.6
0.9
合印
2.5
合印
0.9
26

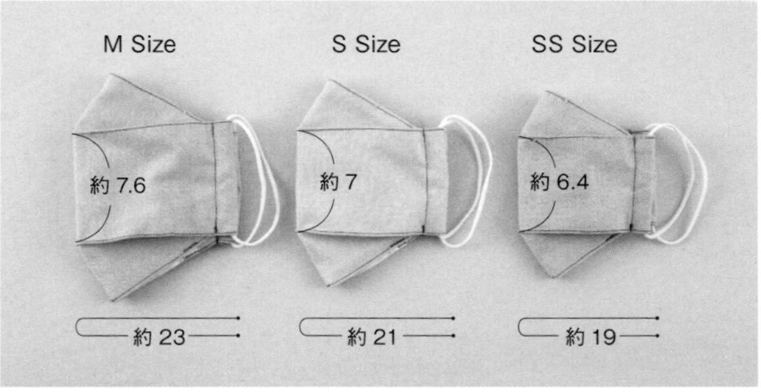
M Size
S Size
SS Size
約 7.6
約 7
約 6.4
約 23
約 21
約 19

刺繡的原寸圖案、各 Size 的原寸紙型・紙定規
>>> 作品圖案 A 面

［材料］ S Size・1 個的用量（SS Size 同寸）
- 表布…COSMO Free Stitch 用棉布
  20 × 30cm（M Size 為 25 × 35cm）
  作品 49 = light honey（50）
  作品 50 = pink（33）
  作品 51 = white（11）
- 裡布…薄棉布（不會於表面透出的顏色）
  20 × 30cm（M Size 為 25 × 35cm）
- 寬 0.3cm 口罩用彈性繩 50cm（3 種尺寸相同）
- COSMO 25 號繡線各色適量

［完成尺寸］ 參照左圖

［縫製前的準備］
準備好表布・裡布的原寸紙型・紙定規（使用厚紙製作）

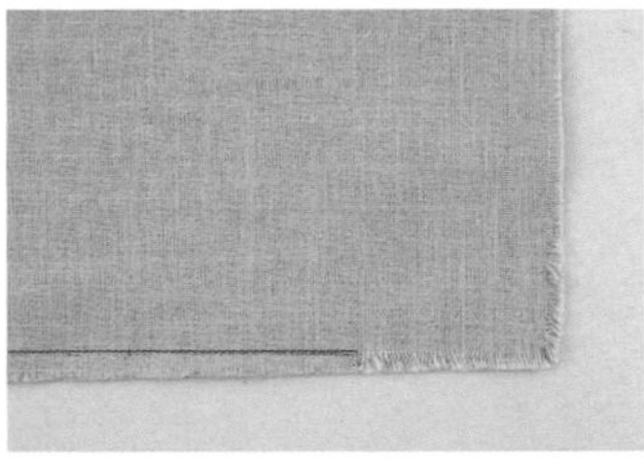

1 在裁剪表布之前，先「整理布紋」，調整布紋的歪斜處。將邊緣沿著緯線拉直（取1條線從一頭到另一頭，沒有中斷的位置上）。

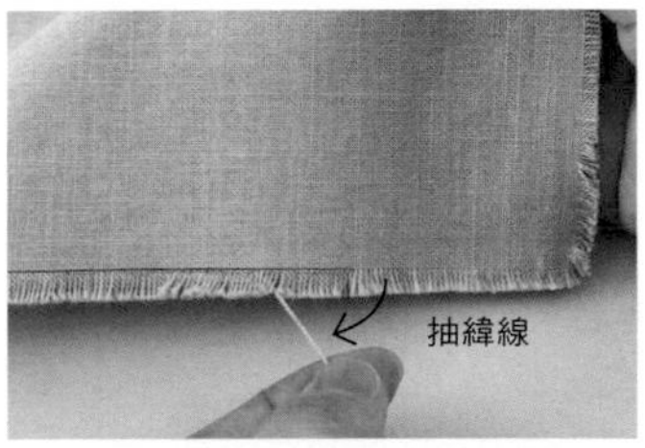
抽緯線

2 從1所拉直的線條外側，將緯線1根根抽出。上側及左右（經線）的邊緣也以相同方式進行（在剪去布邊後進行）

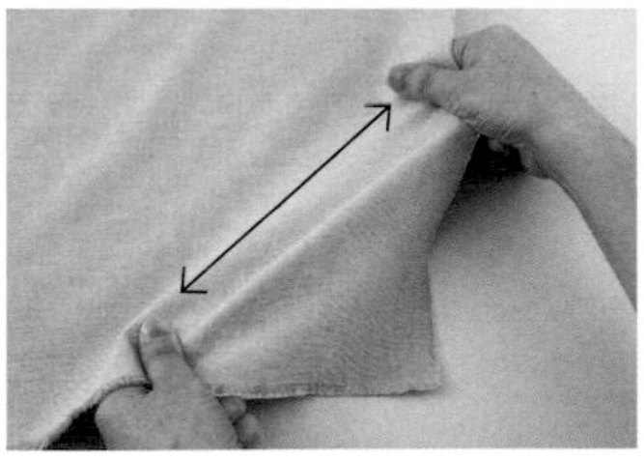

3 當經・緯織線（布紋）歪斜時，以手斜向拉開，整理布紋呈垂直。

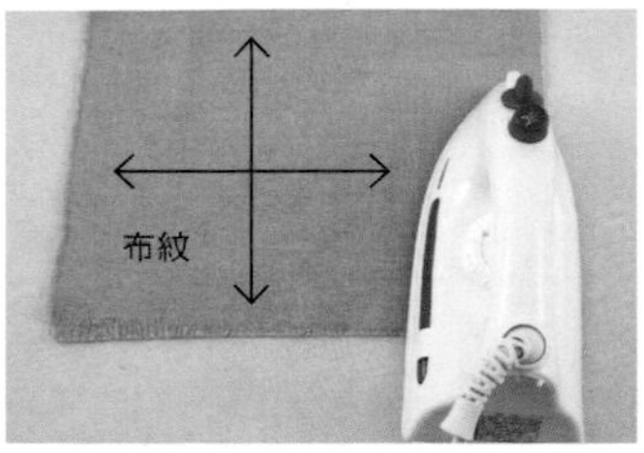
布紋

4 在整塊布料上以噴霧器噴水，一邊拉扯布料調整歪斜，一邊熨燙。

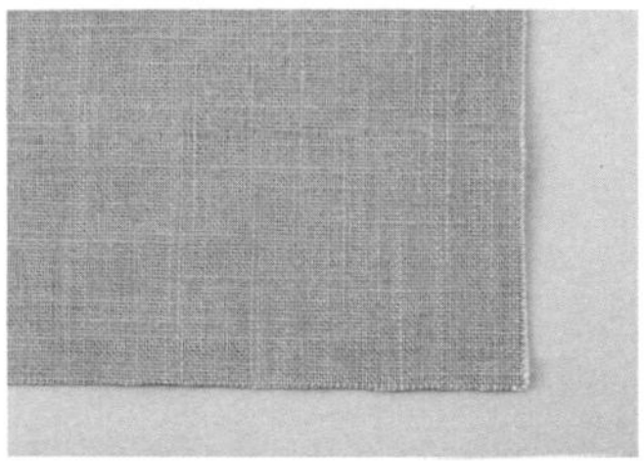

5 若將布紋調整成垂直，就剪去邊緣鬚邊狀織線。

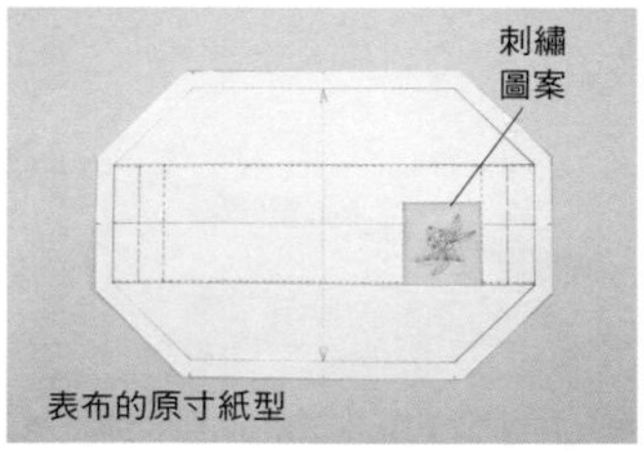
刺繡
圖案
表布的原寸紙型

6 表布的原寸紙型，若將刺繡位置挖空，貼上描有圖案的描圖紙，可容易確認位置，也易於描繪圖案。

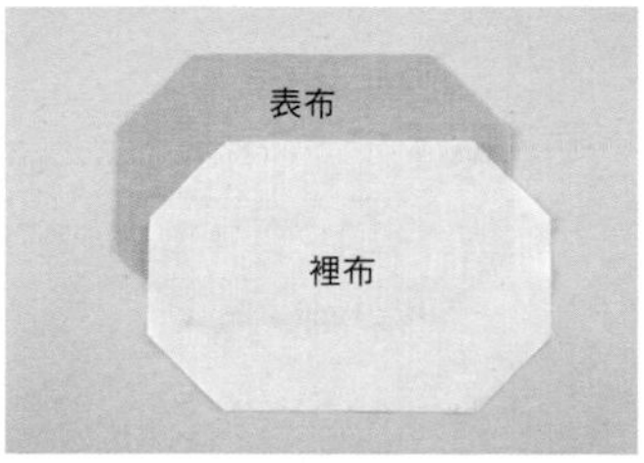
表布
裡布

7 使用6及裡布用原寸紙型（含縫份），裁剪表布・裡布（請注意尺寸不同）。要先在表布刺繡。

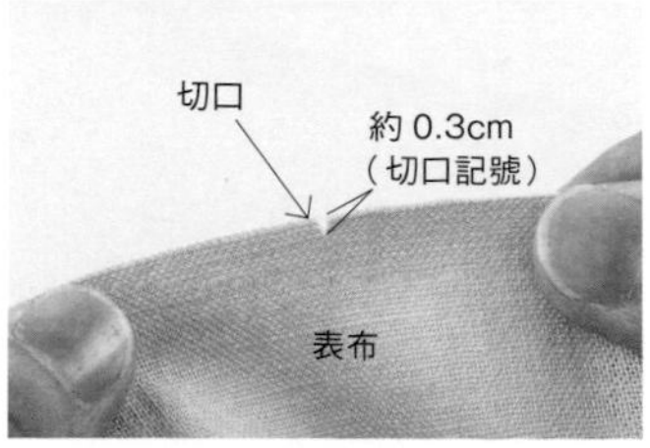
切口
約 0.3cm
（切口記號）
表布

8 表布・裡布皆在縫份的★和☆的位置先作出合印。請直向剪出小切口（切口記號）。

←次頁待續

教學過程為使圖片容易理解，因此使用顯眼色彩的線條縫製。實際縫製作品時，請配合布料色彩選用線條。

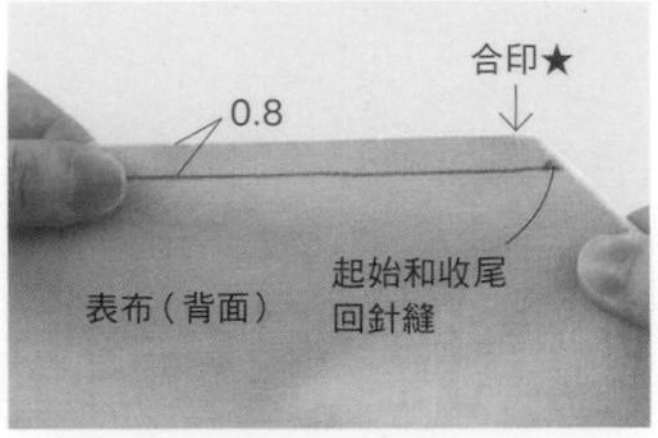

9 將表布與裡布正面相對疊合，對齊上邊的布邊，對準2處合印（★）。從距離布邊0.8cm的位置車縫兩端。

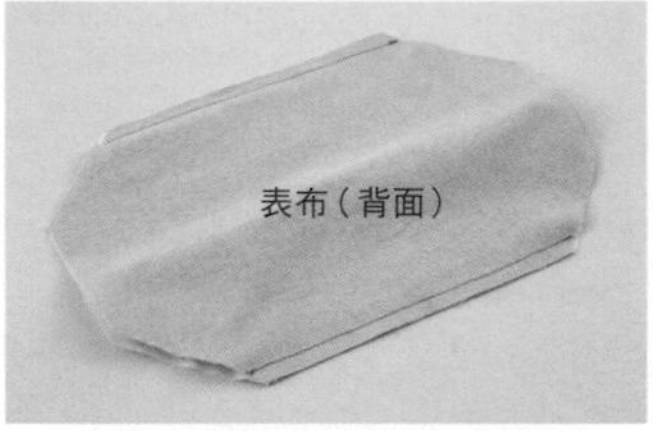

10 下邊也對齊☆合印，以9的相同方式車縫。由於表布及裡布尺寸不同，因此呈現表布稍微多出來的狀態。

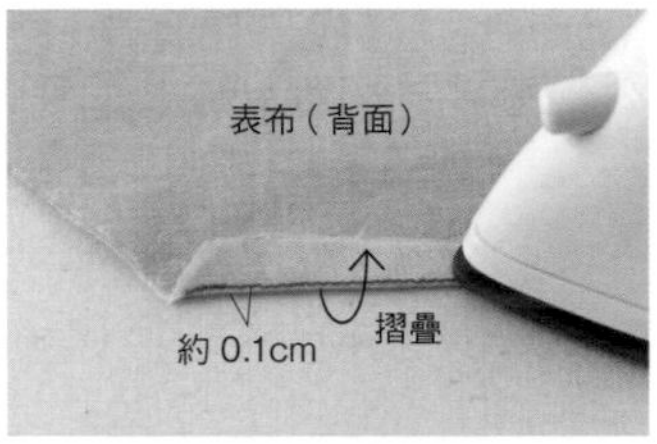

11 將9・10的縫份，熨燙摺疊於表布側。這時，在縫線內側約0.1cm摺入，熨斗只燙在縫份部分是訣竅。

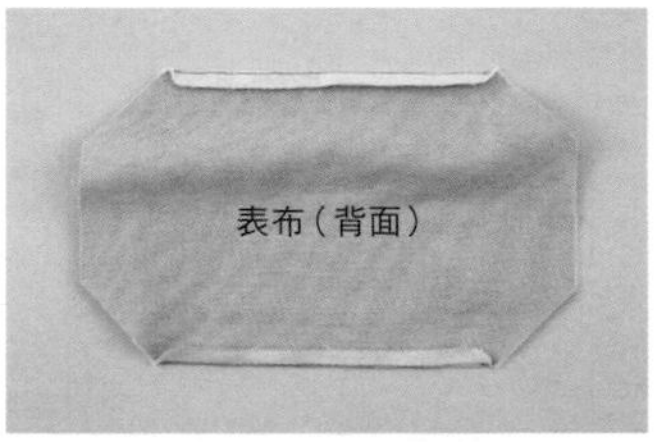

12 將上下邊的縫份往表布側摺好的樣子。這時表布稍微較多也沒關係。

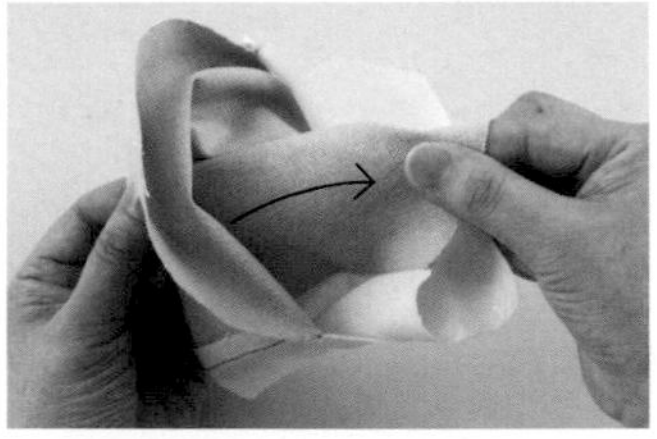

13 從側邊的未車縫處將整體翻至正面。

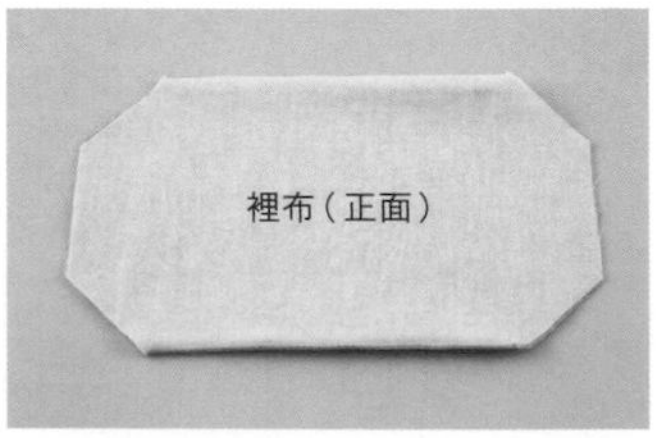

14 僅上下邊的縫份部分，從裡布側熨燙整形。

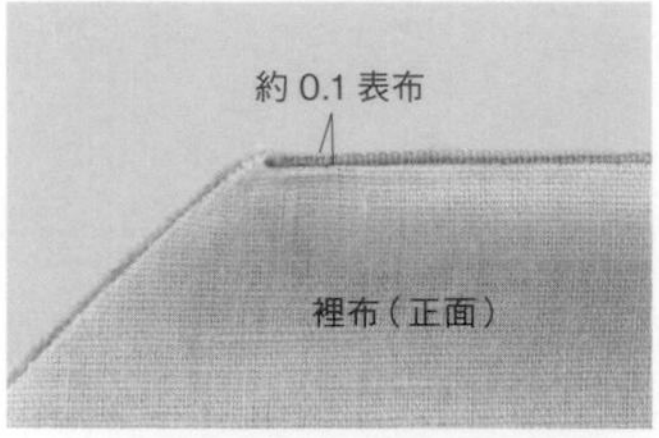

15 由於在11中稍微摺得比縫線還要內側，因此裡布稍有內縮（這是為了不要從外側露出裡布）。

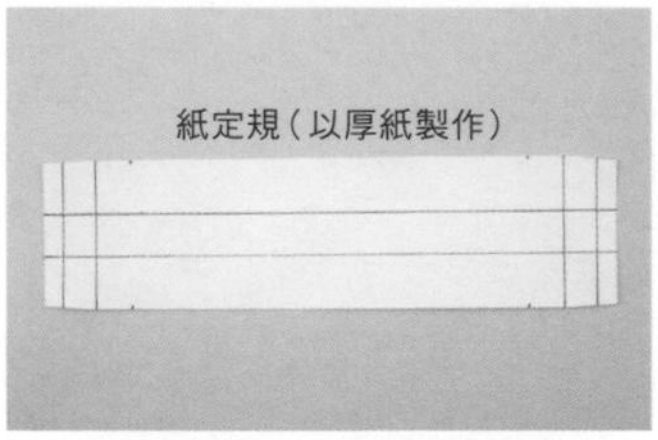

16 準備為了以熨斗能正確摺疊並作出本體形狀的紙定規。是考慮摺疊布料時厚度的尺寸。

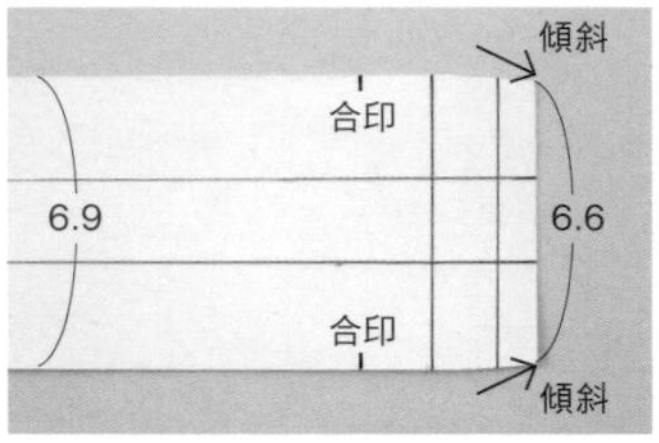

17 紙定規兩端稍微傾斜是重點（請注意各Size尺寸不同）。

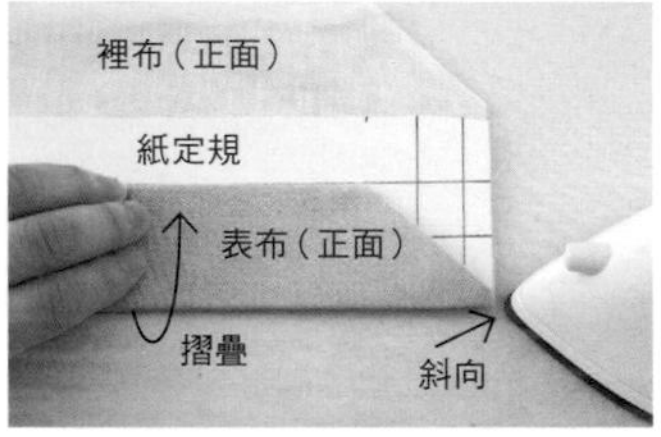

18 將紙定規對齊兩脇邊，放置在裡布上。將下邊對齊上方線條熨燙摺疊。兩端部分則沿著紙定規的傾斜線摺疊。

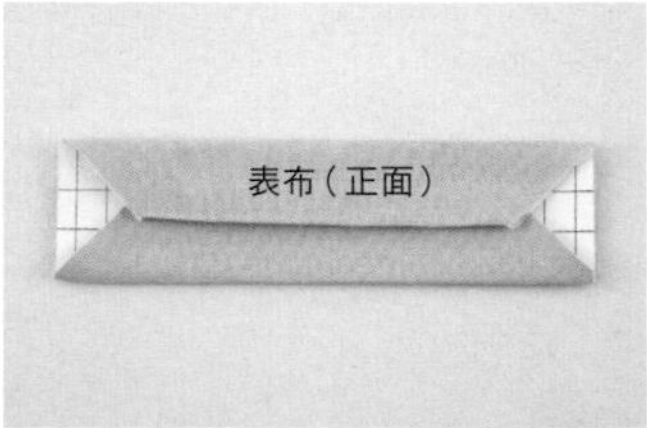

19 再次展開往上摺的下邊，將上邊對齊紙定規的下方線條，以18的相同方式摺疊（圖片是下邊也摺回的狀態）。

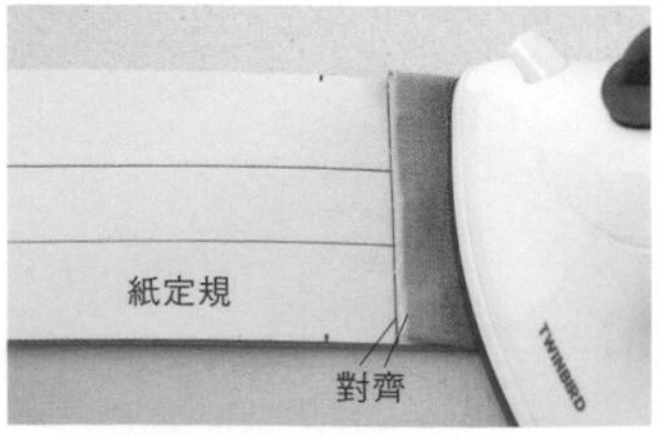

20 把紙定規重新放在19上。將脇側布邊對齊紙定規內側線，熨燙摺疊。

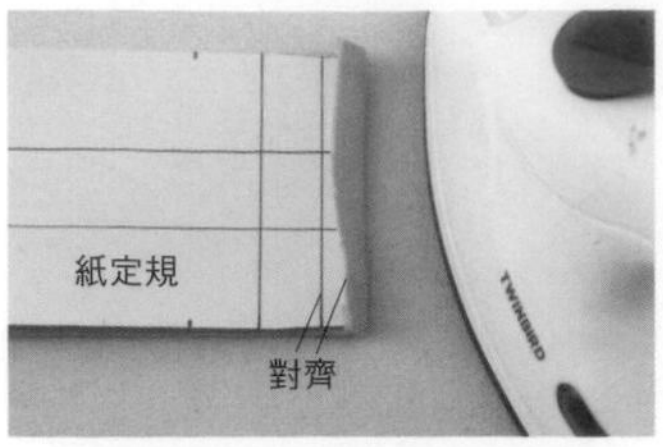

21 再次打開20的摺線，將脇邊的布邊對齊紙定規外側線條，熨燙摺疊。

22 完成三褶的摺線。這將成為鬆緊帶通道。在18・19將邊緣稍微傾斜摺疊，從外側觀看時就不會露出縫份。

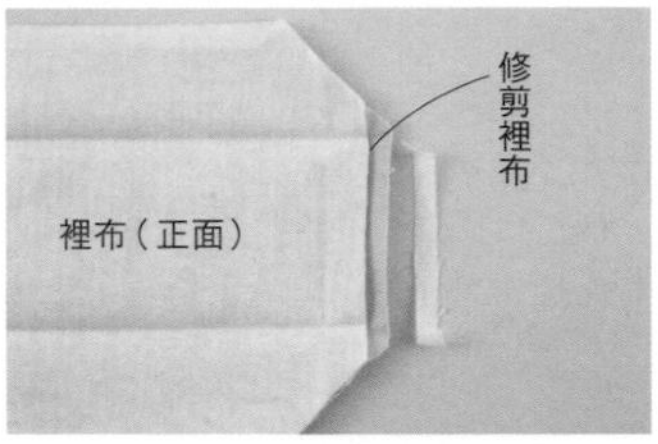

23 三褶部分的縫份太厚重時，可對齊21的摺線修剪裡布縫份。另一側的脇邊也以20～的相同方式摺疊。

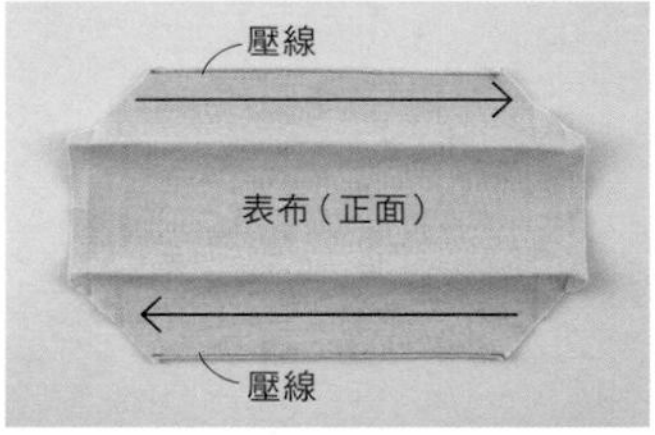

24 從表布側車縫（＝壓線・起始與結束時回針車縫）上下邊緣（距離邊緣約0.1～0.2cm）。

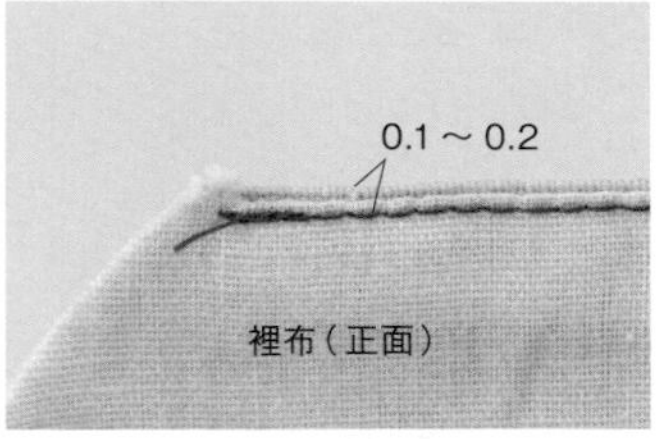

25 從裡布側觀看24的樣子。在15內縮的裡布以壓線固定。要避免邊緣車縫過度導致針目露出裡布之外。

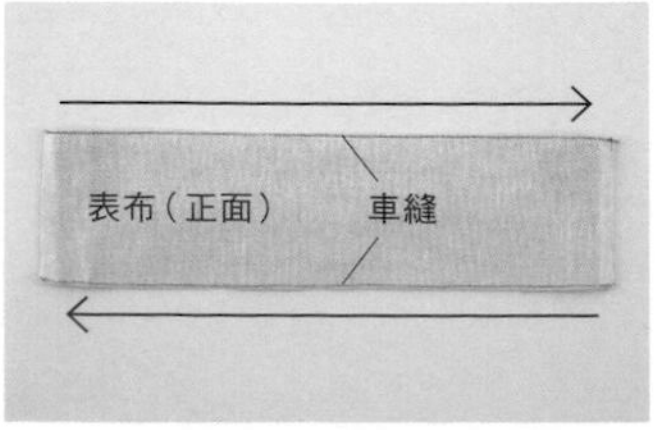

26 再次摺疊19的摺線，從表布側車縫山摺線邊緣（起始與結束時進行回針車縫）。

27 展開26的樣子。若車縫山摺線，洗滌過後摺線也不會消失，能維持漂亮的形狀。

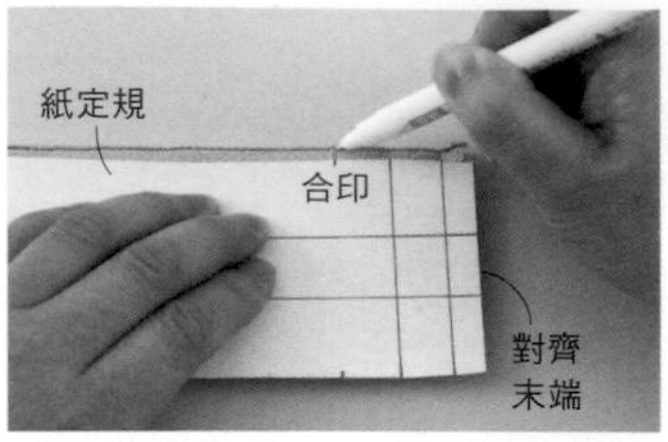

28 再次摺疊成26的狀態（展開鬆緊帶通道的三褶），於內側對齊紙定規，並在合印位置作記號。

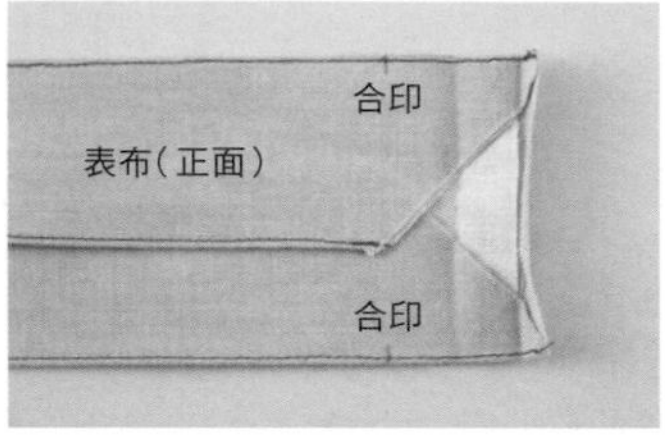

29 上下作出合印的樣子。在作記號時最好使用水性消失筆。

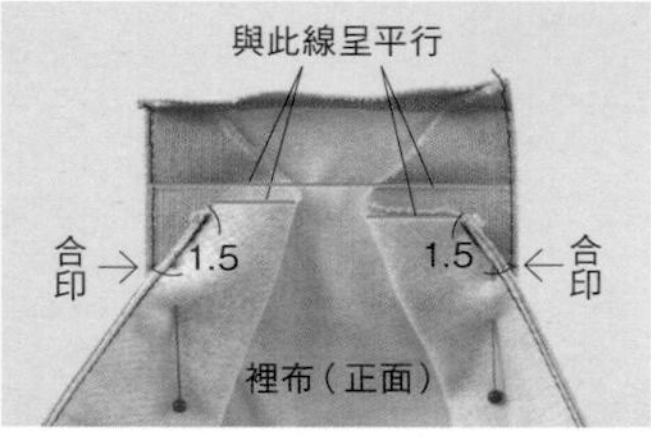

30 展開內側，將傾斜的布邊及三褶的摺線並排摺疊。距離邊端1.5cm的位置對齊29的合印，以此作為基準。

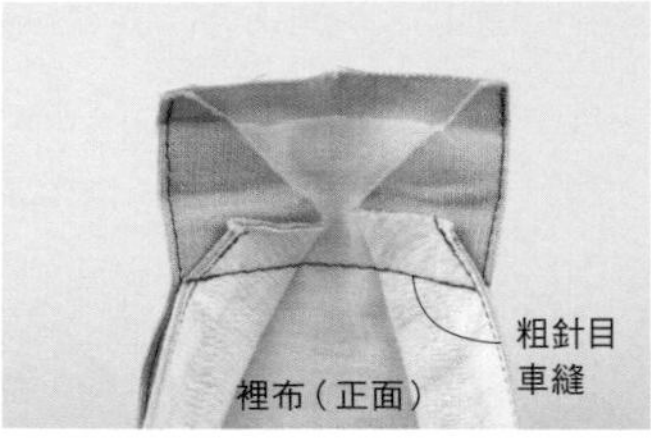

31 車縫粗針目（或是疏縫），固定30所摺疊的部分。

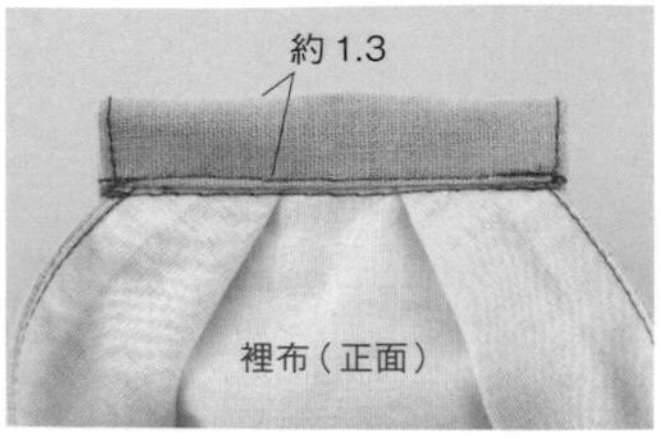

32 以20・21摺疊的摺線，摺三褶並車縫鬆緊帶通道。

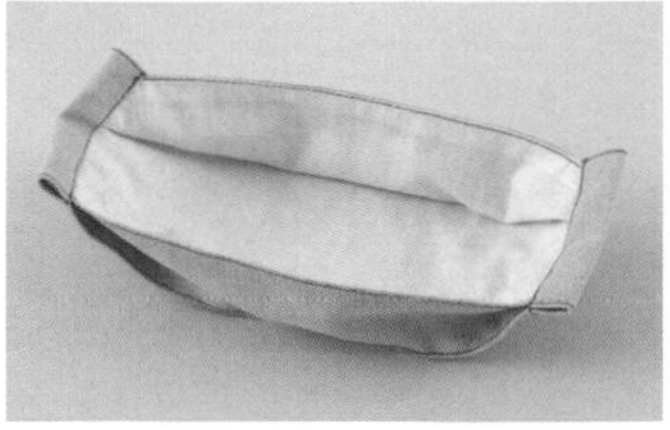

33

33 另一側脇邊也以28～32的相同方式車縫。拆除31的粗針目車縫（或是疏縫）。整體形成立體口罩形狀。

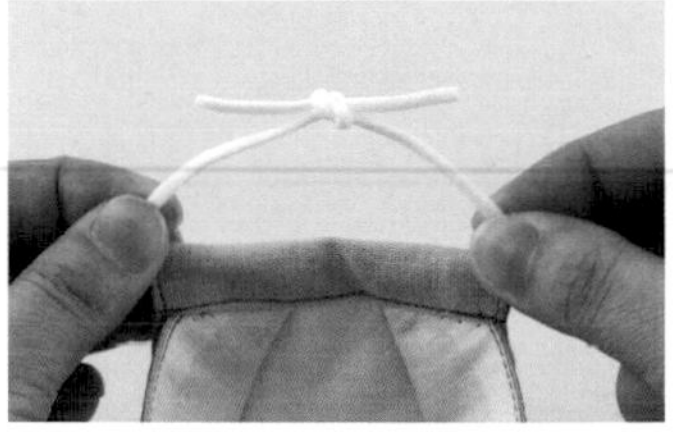

34 從鬆緊帶通道的兩側開口穿入鬆緊帶（長25cm）並打結。打結位置最好實際試戴後進行調整。

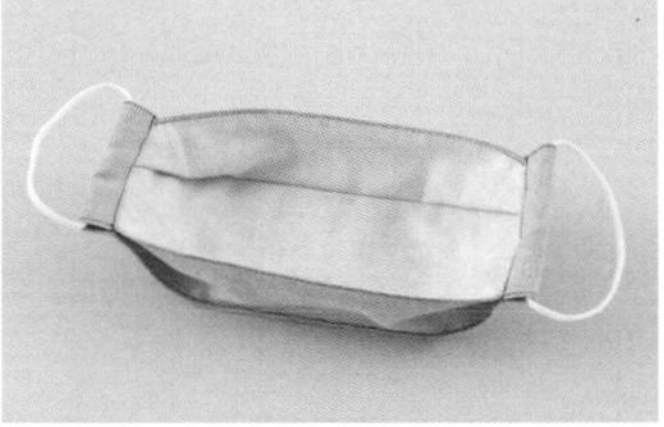

35 也以34的相同方式將鬆緊帶穿入另一側的鬆緊帶通道。打結位置隱藏於鬆緊帶通道中。

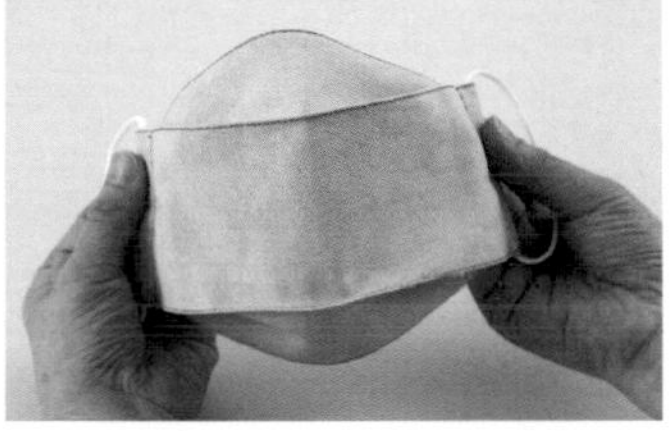

36 完成。若戴在臉上，上下幅寬即可立體展開，覆蓋鼻子和下巴。

應用作品

含濾芯口罩

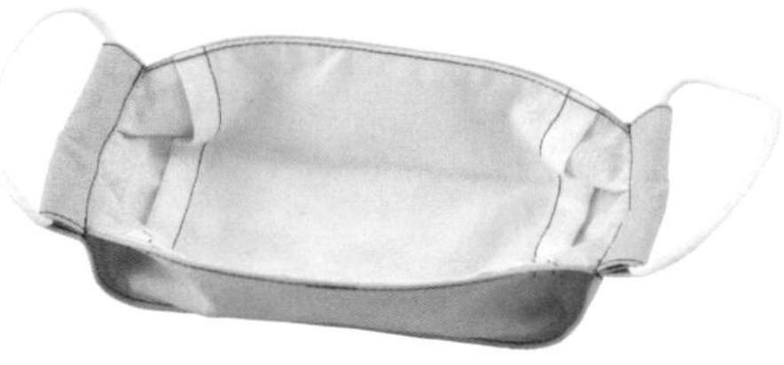

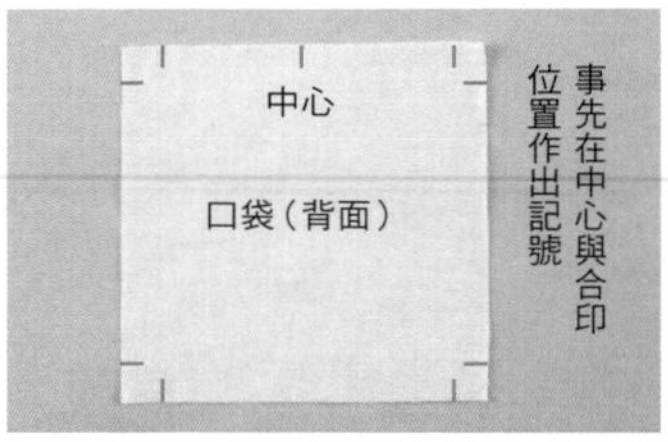

中心
口袋（背面）
事先在中心與合印位置作出記號

1 準備20×20cm的薄棉布（推薦使用漂白布這類觸感良好的布料）作為口袋用布。參照各尺寸的原寸紙型（含縫份）並剪下。

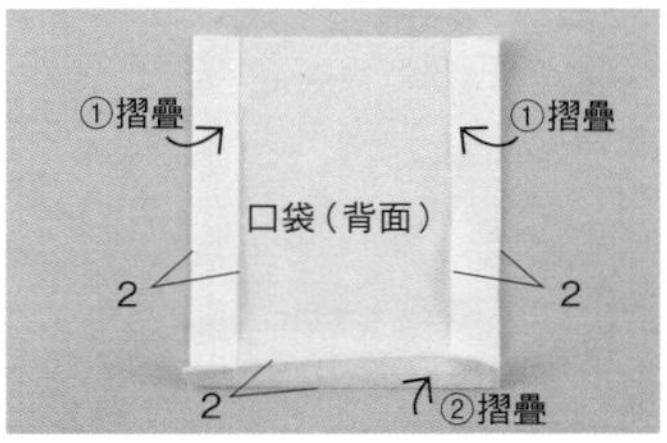

①摺疊
①摺疊
口袋（背面）
2
2
2
②摺疊

2 先是兩脇，接著是下邊，對齊合印各摺疊2cm。

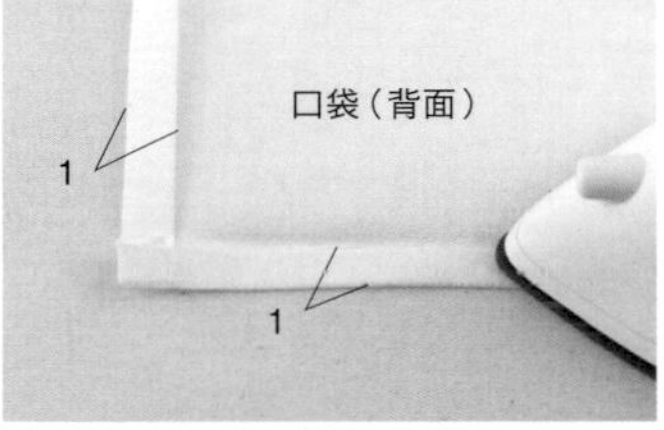

口袋（背面）
1
1

3 將布邊對齊2所摺出的摺線，在距離布邊1cm的位置作出摺線（兩脇・下邊共3邊）。

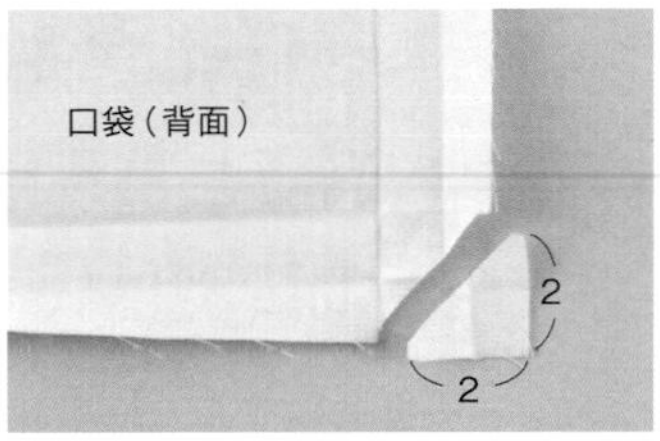

口袋（背面）
2
2

4 展開2・3所作的摺線，在右下角縫份剪三角形（左下角也相同）。

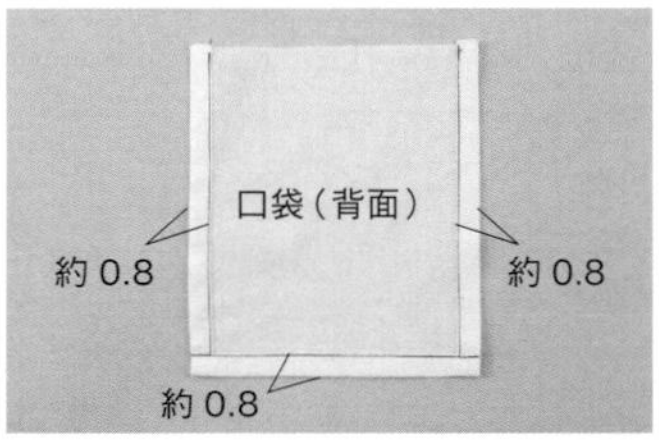

口袋（背面）
約0.8
約0.8
約0.8

5 再次摺疊2・3所作的摺線，摺三褶並車縫固定。

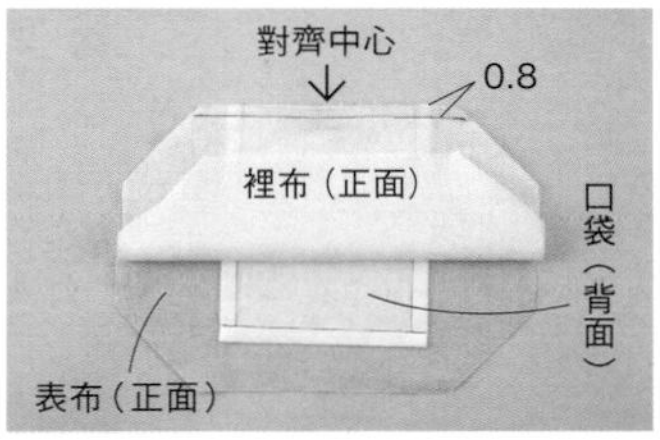

對齊中心
0.8
裡布（正面）
口袋（背面）
表布（正面）

6 將表布和裡布上邊正面相疊（參照P.64之9），中間夾入5的口袋。對齊3片中心，車縫上緣。

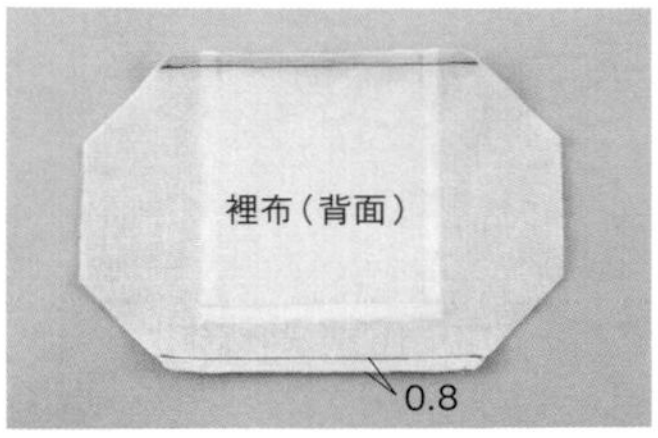

裡布（背面）
0.8

7 以P.64之10的相同方式車縫下邊。

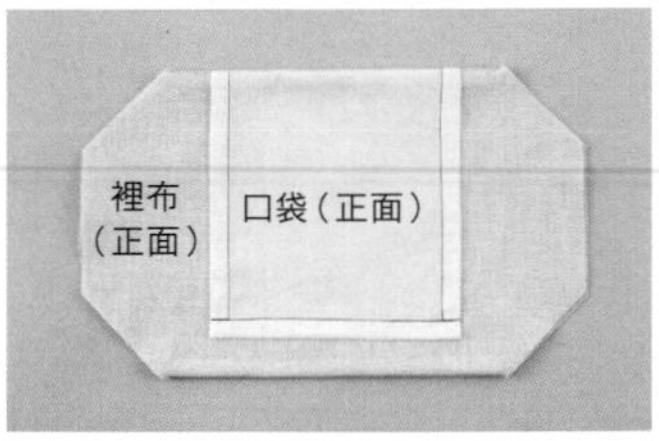

裡布（正面）
口袋（正面）

8 參照P.64之11～14，翻至正面調整形狀。上邊為3片縫在一起，呈現口袋重疊在裡布上的狀態。

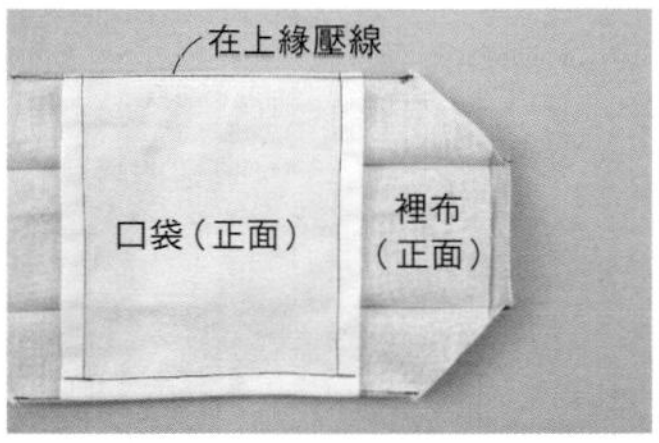

在上緣壓線
口袋（正面）
裡布（正面）

9 之後以基本作品的相同方式製作，但上邊的壓線（P.64之24・25）要連同口袋一起車縫。車縫下邊時則要預先移開口袋。

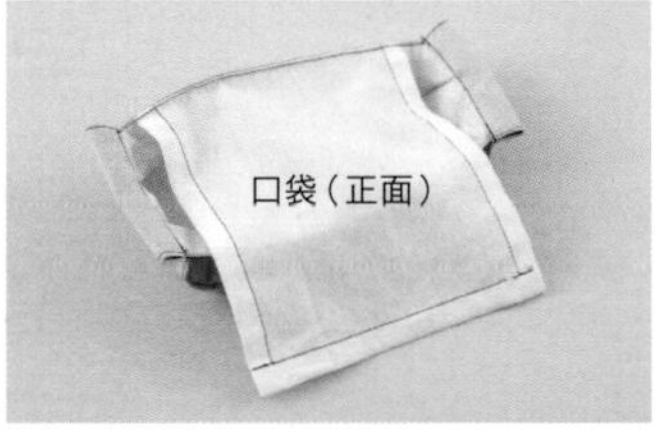

口袋（正面）

10 使用基本作品的相同方式車縫至33為止的樣子。26車縫於山摺線時，要注意避免連口袋一起車入。

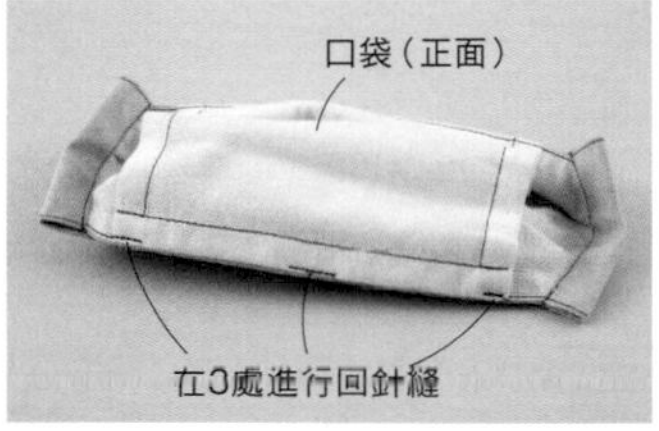

口袋（正面）
在3處進行回針縫

11 對齊口袋下緣及裡布邊緣，在兩端及中心共計3處以回針縫固定。

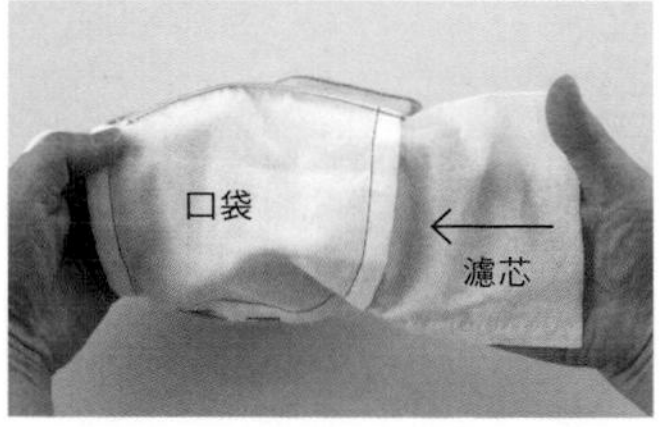

口袋
濾芯

12 以34・35的相同方式穿入鬆緊帶，完成製作。使用時，從口袋側面放入市售的口罩用濾芯或是廚房紙巾等。

好用的便利工具

Clover 輪刀 28mm
切割墊〈45×32〉

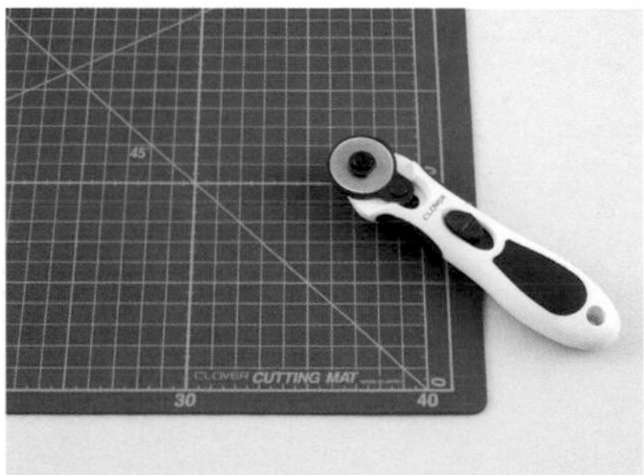

CUTTING MAT
30
40

商品／Clover（株）

裁切各裁片時，使用原寸紙型及輪刀會很方便。請務必在切割墊上進行，將刀刃沿著紙型從近到遠，按壓推出進行裁切。

Basic Lesson of STITCH IDÉES

XXXX

瘋刺繡！

各種葉片的繡法

正在繡流行的植物刺繡時，常會思考著「這個適合嗎？」
只要掌握好訣竅，就能完成漂亮的作品。
在此為您介紹使用於葉片的各種刺繡技巧。

52
XXXX
使用繡線 >>> COSMO 25 號繡線
圖案 >>> 附錄刺繡圖案集 P.96

漂亮繡出緞面繡葉片的小訣竅

訣竅 1　在繡之前要先進行確認

在下針於布料之前，將線排列看看，決定大致的方向之後再刺繡。若確認方向之後再刺繡，一邊將葉片尖端較劇烈的角度調整平緩，一邊進行。

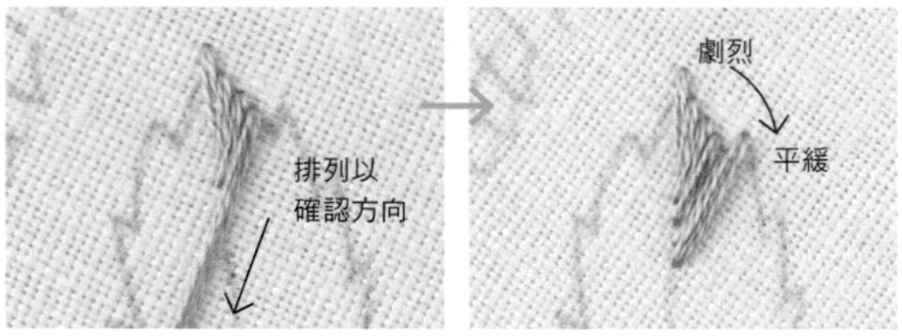

訣竅 2　不厭其煩地消除繡線扭轉

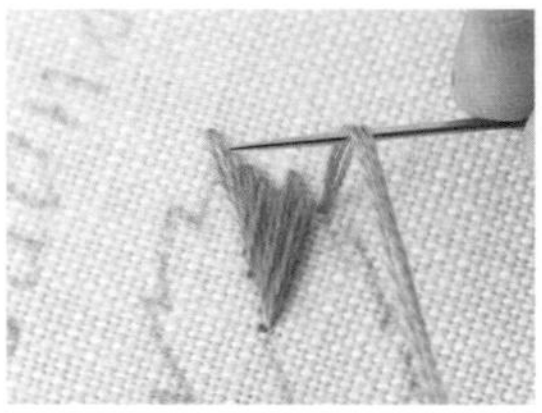

若是從布料拉出的線條產生扭轉，就以針頭調整使線條之間呈平行地整齊並排。若以整齊排列的線條刺繡，就能使表面產生光澤。

訣竅 3　外→內側刺繡

左右兩側皆由圖案輪廓出針，於中心入針。藉由這樣作，可防止先繡好的針目被從下方往上推而亂掉。

訣竅 4　最後請進行 1 針藏針縫

最後1針稍微被前1針目重疊覆蓋地下針，葉片根部就能夠呈現出自然的圓潤感。

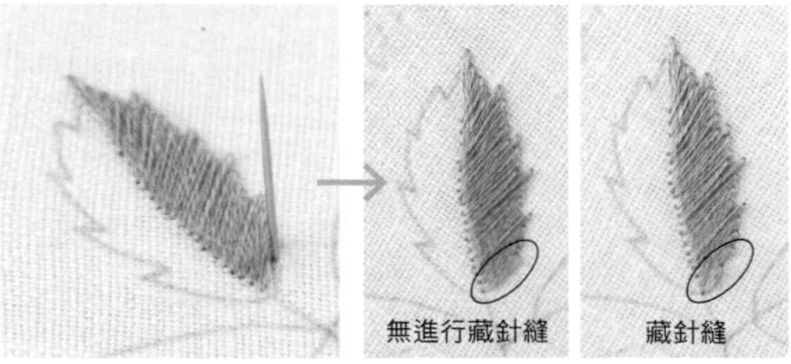

漂亮繡出直向緞面繡葉片的小訣竅

訣竅 1　從中央呈對稱刺繡

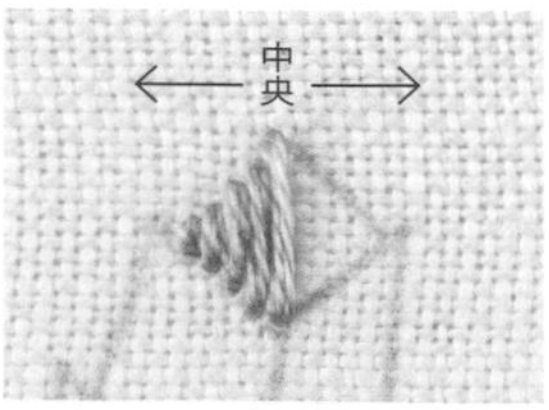

左右對稱的圖案若從中央開始繡，就不會繡歪。繡到末端之後穿入背面繡線回到中央，繼續繡另一邊。

訣竅 2　避免弄壞之前的線條

與上列訣竅3相同，為了避免推起先繡好的針目，建議考慮順序進行刺繡。

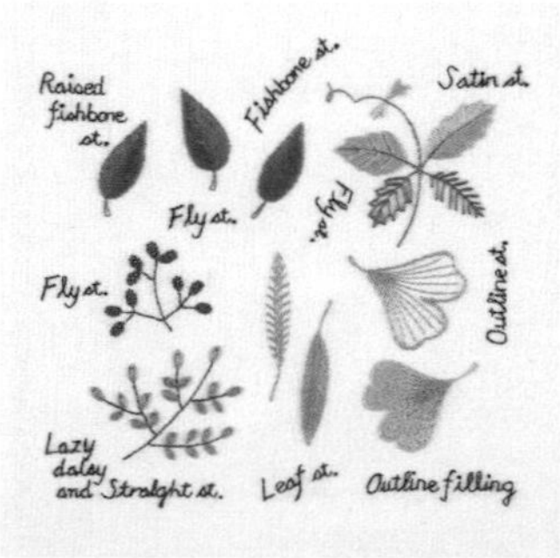

[刺繡指導] 関 和子

取得日本手藝普及協會刺繡師教師的執照。製作並寄賣包包或抱枕等原創作品。以小班制刺繡教室進行教學。著重於滿懷心意地細心刺繡。
http://www.fabricegg.com./

飛行繡的葉形變化

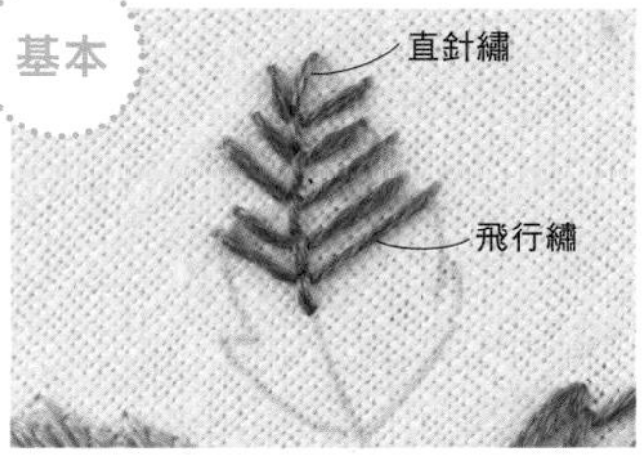
基本
直針繡
飛行繡

經常出現的飛行繡葉片。在葉尖先繡1道直針繡，沿著輪廓及葉脈繡進行飛行繡。根據止針的長度，能夠調整刺繡的疏密。

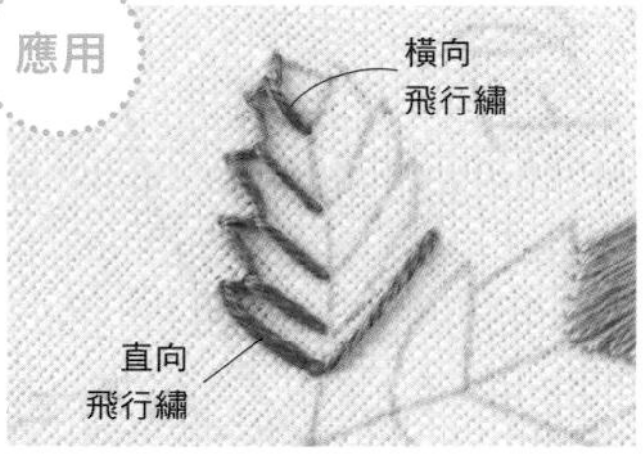
應用
橫向
飛行繡
直向
飛行繡

最下列是及基本作法同方向的飛行繡，葉片的輪廓是橫向繡飛行繡，以表現葉片的鋸齒狀和葉脈。藉由改變刺繡方向轉換風貌。

輪廓繡彎曲銳角的繡法

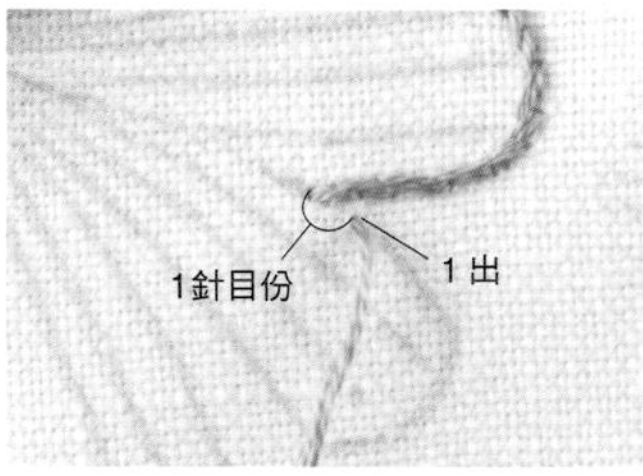
1針目份
1出

1 繡到角落之後，先將針往背面下針，再從角落前方1針目（1出）出針。

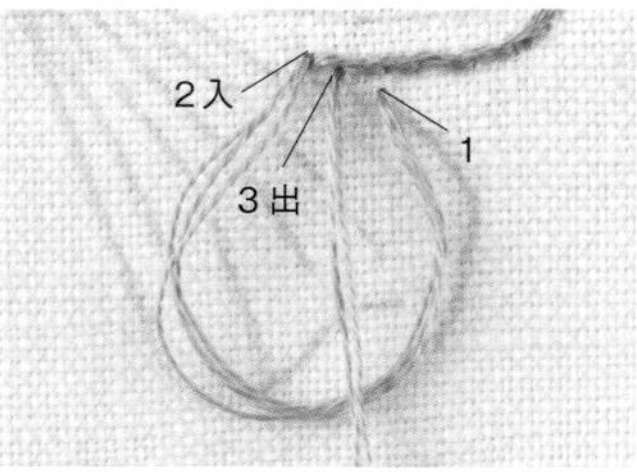
2入
1
3出

2 回1針在角落入針（2入），在1和2的中間（3出）出針。

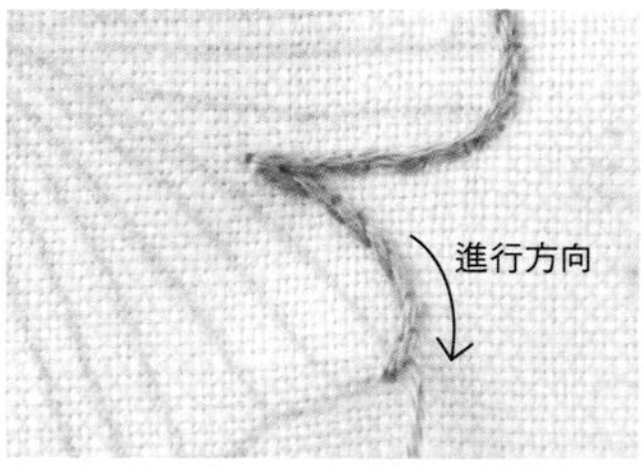
進行方向

3 拉線，繼續沿著進行方向繡輪廓繡。

葉形繡的繡法

正如其名，適合用來繡葉片的葉形繡。
一起來複習繡法！

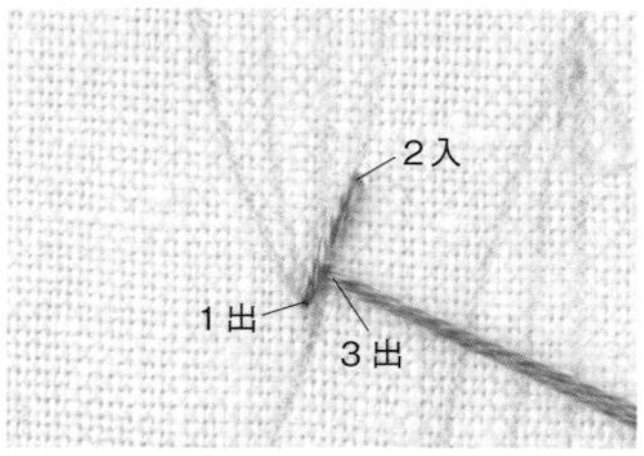
2入
1出
3出

1 從葉片根部（1出）出針，2入・輪廓線上3出，依照此順序運針。

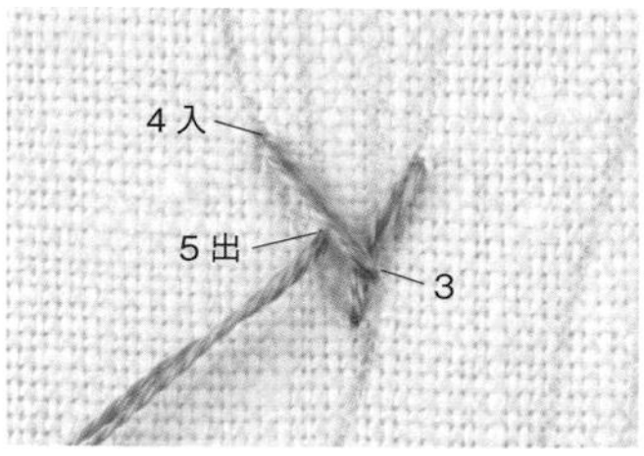
4入
5出
3

2 在輪廓線上（4入）入針，從內側線上（5出）出針。

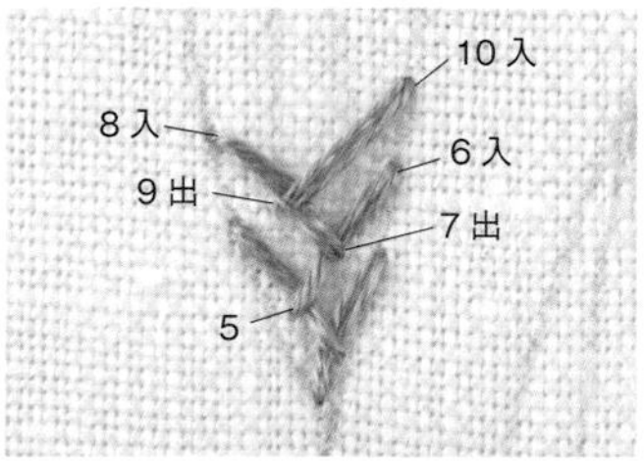
10入
8入
6入
9出
7出
5

3 以不同列重複2。使線條相互交錯，就能表現輪廓及葉脈。

填滿葉形繡的訣竅

要將上面葉形繡填滿刺繡，重點在於以內側線上的針從前一針目下方出針的方式進行。如左圖般以圓頭針避開前一針目，在注意不要傷到前一針目的狀態下同時進行。

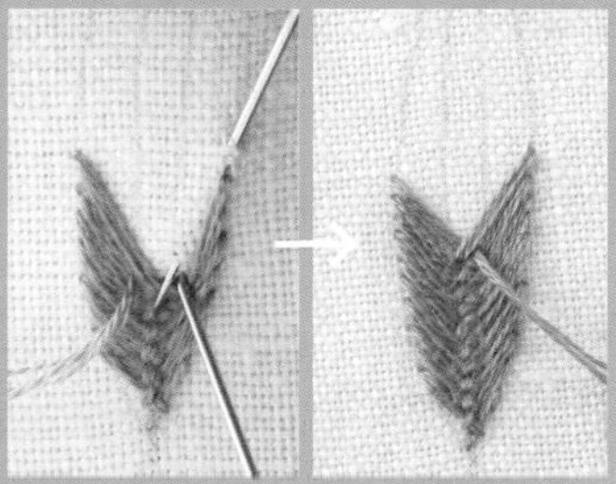

魚骨繡的繡法

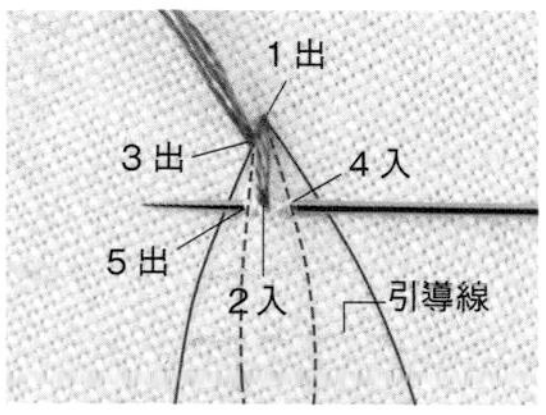
1出
3出
4入
5出
2入
引導線

1
1出～2入是在葉尖繡直針繡。從緊鄰1的左下、輪廓線上的3出出針，並在直針繡的根部（內側線上），小小挑一針（4入・5出）。預先在圖案上平行畫出等間隔的引導線，就會比較好繡。

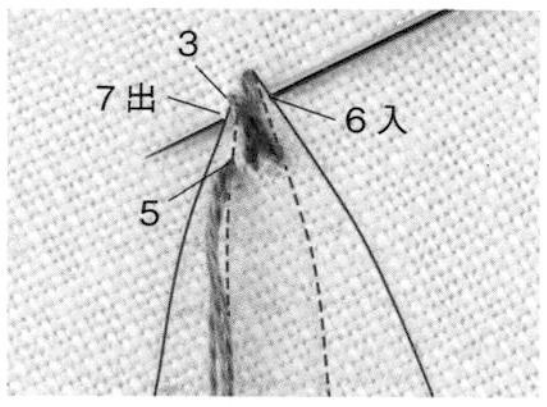
3
7出
6入
5

2
在與3平行的輪廓線上決定6入的位置，在緊鄰3下方的輪廓線上（7出）出針。

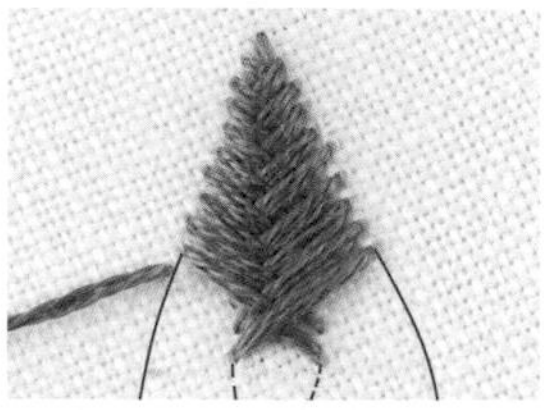

3
重複1・2，於輪廓、內側交互挑針進行刺繡。

挑戰浮雕魚骨繡！

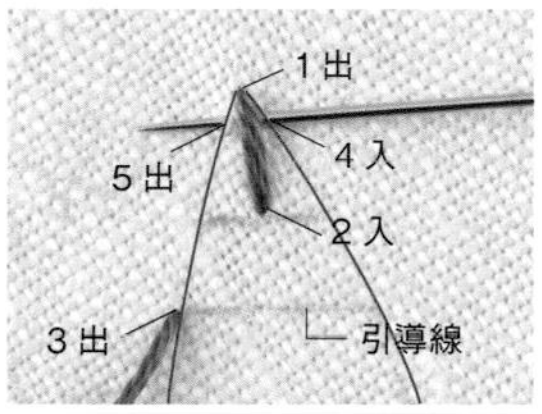
1出
5出
4入
2入
3出
引導線

1 預先在葉片上等間隔畫引導線。在葉尖繡直針繡，並於距離稍遠的輪廓線上，3出的位置出針後，在緊鄰直針繡旁的輪廓線上小小挑1針（4入・5出）。

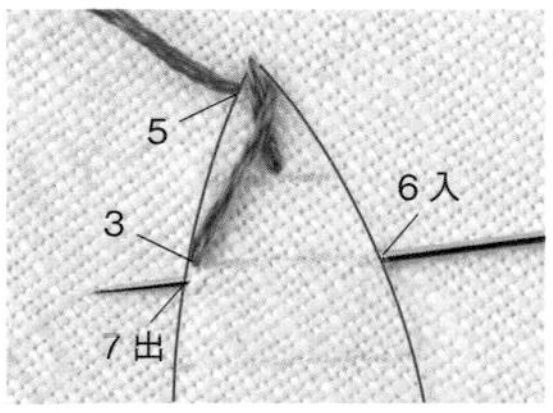
5
6入
3
7出

2 在和3平行的輪廓線上（6入）入針，緊鄰3之下的輪廓線上（7出）拉出繡線。

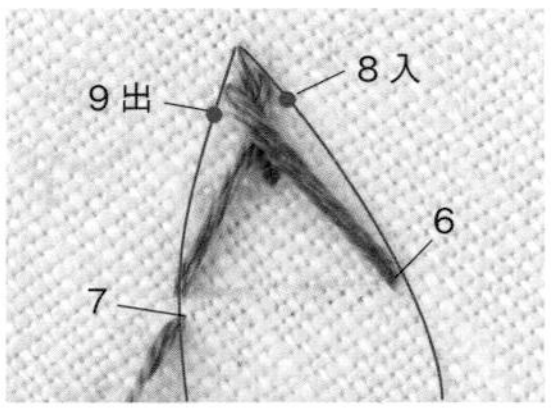
9出
8入
6
7

3 浮雕魚骨繡，是在輪廓線上出針入針進行。上方呈平行，下方則傾斜1針目挑針。上下交互地進行刺繡。

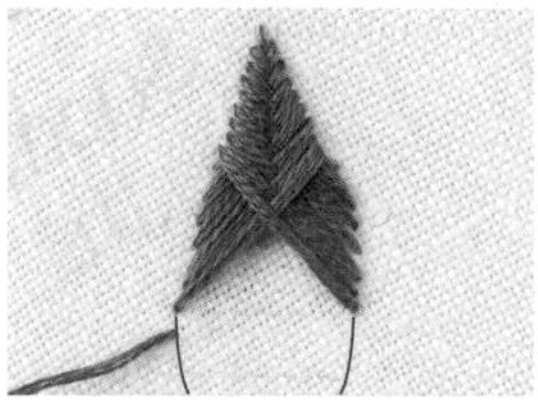

4 沿著葉片輪廓，盡量避免產生間隙地進行。

5 當上線完全覆蓋下線時即完成。

歐洲
跳蚤市場遇見的手工藝

來自法國克里昂庫的跳蚤市場

photograph 白井由香里　styling 西森 萌　text & photograph（當地採訪）石澤季里

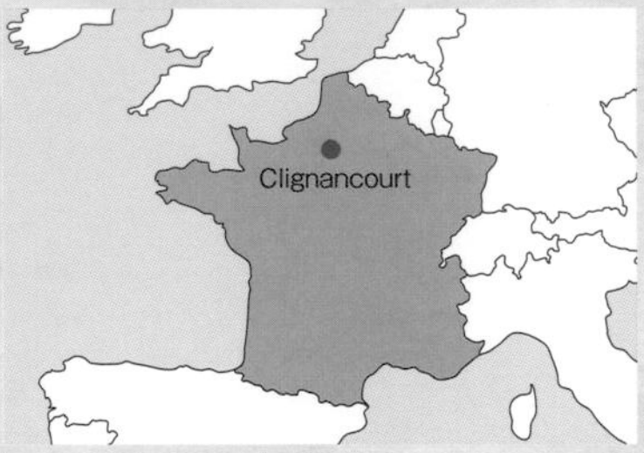

克里昂庫的跳蚤市場

Marché Clignancourt 93400 Saint Ouen
最近車站：Porte de Clignancourt。
※但若從夏特雷（Châtelet）出站，搭乘85號公車至跳蚤市場（Marché aux Puces）下車，就能避開治安較差的地段，因此比較建議這樣走。在市場內要當心扒手！
週六、週日、週一9:00～18：00左右營業（有些攤位週五也會擺攤）
※視疫情嚴重性，市場亦可能無法照常營業。

以保有1918年作為定期市集誕生當時濃厚色彩的威耐遜市場（Marché VERNAISON）為首，以熱鬧大道ROSIERS為中心，由大小共13個市集所群聚而成的便是克里昂庫跳蚤市場。威耐遜是由搭建於屋前3m左右的木造棚架聚集而成的市場，以販售小物為主，相對於此，設有冷暖氣，無論冬天或夏天都能舒適購物的賽爾貝特（Marché SERPETTE）市場當中，則是LV行李箱、愛馬仕包包，以及時尚珠寶（costume jewelry）的專賣店，而圍繞於四周所建造的Marché Paul Bert市場則販售家具，像這樣每個市集都有不同的特色。此外，我找到鈕釦戒指的多芬市場（Marché Dauphine）最新，在2層樓，6000平方公尺的館內，有販售裁縫配件或是懷舊時尚等150個攤位滿滿地聚集於此。

「鈕釦戒指的故事」

與羅浮宮及奧賽博物館齊名，聚集了造訪巴黎的觀光客關注的跳蚤市場「克里昂庫」。是從路邊不定期販賣二手貨的業者搭建棚屋，於每週末營業所開始的。

當時居住在巴黎，將在跳蚤市場閒晃視為週末樂趣的我，某一天在古董時鐘店的櫥窗裡，發現綻放著異彩的戒指。拿在手中仔細端詳，綠寶石和鑽石構成的正面，與黃金製的背面，年代很明顯地有所差異。再加上價錢意想不到地便宜，「這一定原本是當成鈕釦使用，後來才改成戒指的。」這樣重大的發現讓我內心激動。

在過去，王公貴族的男士服裝，為了彰顯財富與權力，會使用寶石、浮雕、陶器…等，各種各樣精雕細琢的鈕釦。最昂貴的莫過於打造凡爾賽宮殿的太陽王路易十四的鑽石鈕釦。國王全身上下穿戴有100個以上這樣的鈕釦。之後鈕釦損壞，常會作為裸石改成珠寶首飾，但也有的鈕釦會隨著服飾沈睡在城堡裡的衣櫃深處。這就是這次我所找到的戒指。為了能匹配正面寶石的價值，使用「dentelle（蕾絲花邊）」這種技法，製作成從背面看，形狀依然細緻美麗的戒指，當中充滿了緬懷祖先的後代們，對於家族的愛與榮耀。

從新藝術運動到裝飾藝術，各種風格的家飾店櫛比鱗次的Marché Paul Bert。

緊鄰Marché Paul Bert市場的「Ma cocotte」和「Au Petit Navire」是散步途中務必要造訪的餐廳。

製作精巧，正在玩撞球的貓咪擺飾，是被收在櫃中小心展示，不滿5cm大的「Biblo（小擺飾）」。

在二手工具中，過去工廠或車站內部曾使用過的電燈和時鐘等工業風藝術品最受歡迎。

從印刷工廠使用的小物到巴黎店頭裝飾的招牌，受歡迎的英文字母標示專賣店。

迎來春天的午茶

紙型
P.73

揀一個天氣好的
周末下午，
為自己準備點心，
沏一壺暖暖的茶，
配上喜歡的玫瑰餅乾，
我的心，迎來了春天。

作品設計、製作、示範教學、作法文字提供／RUBY小姐
採訪執行企畫編輯／黃璟安

春日午茶杯墊

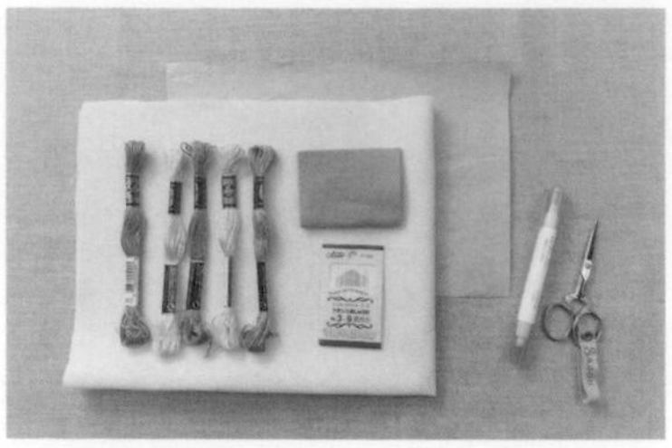

材料&工具：

1.刺繡布
2.繡線DMC：B5200・407・522・772・647・834・948・987・3013・3347・3348
3.刺繡針
4.不織布少許
5.刺繡用轉寫紙
6.水消筆
7.線剪

HOW TO MAKE

1 準備杯墊刺繡用布（包括周圍三摺邊的縫份）。

2 杯墊布邊處理：在背面參考圖片尺寸圖示位置上，以水消筆作記號。
＊餐墊作法相同，縫份各留1cm即可。

3 將布正面相對，以珠針固定。

4 以平針縫縫合固定。

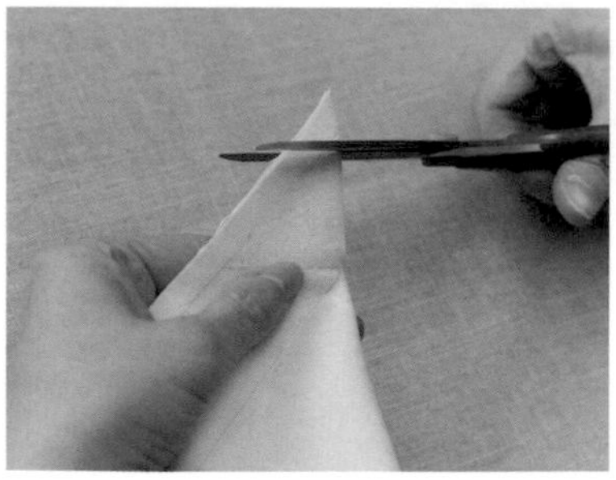

5 留1cm縫份，將多餘的布修剪。

6 接著將布邊翻至正面（即杯墊底背面）

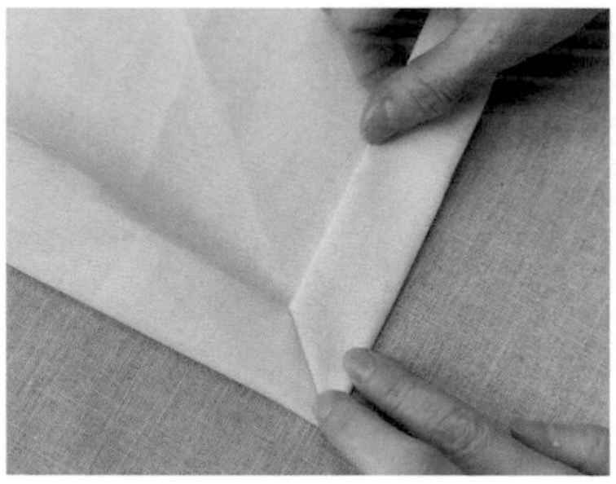

7 將1cm縫份摺入。

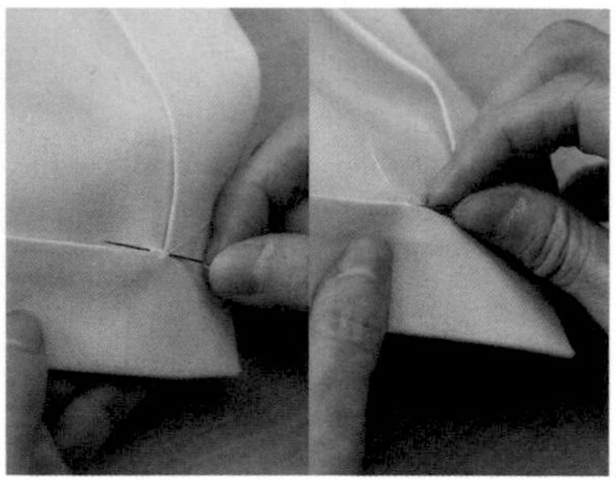

8 以藏針縫縫合。

9 如圖為三摺邊的部分縫。

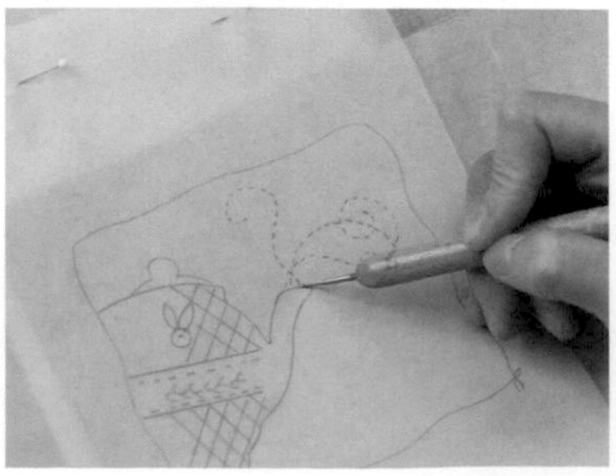

10 描圖：將圖稿以珠針固定於表布，夾入轉寫紙，再以鐵筆描圖。

11 依線稿圖示完成刺繡。

RUBY 小姐的針法小教室

★輪廓繡

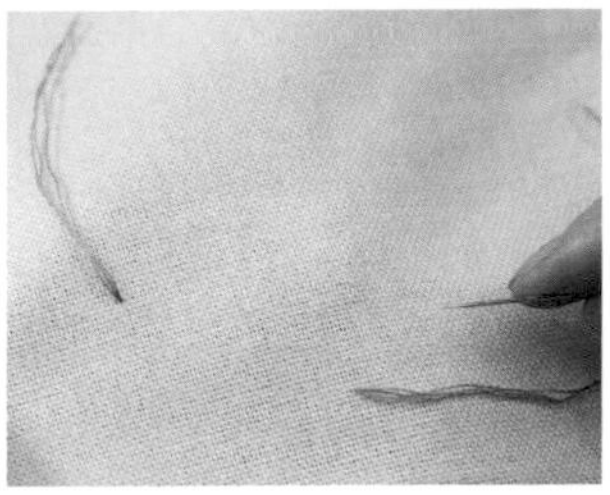
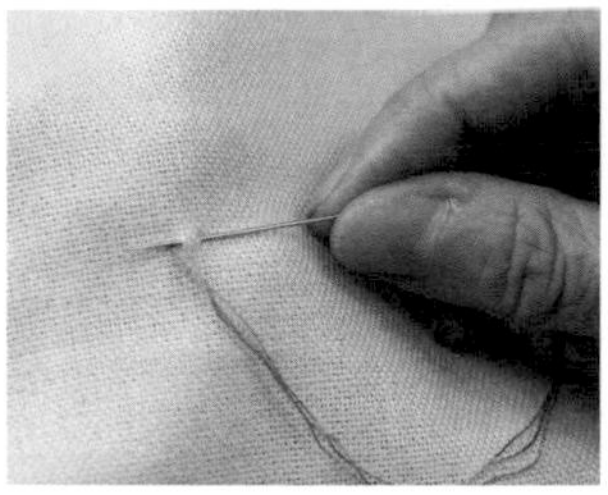
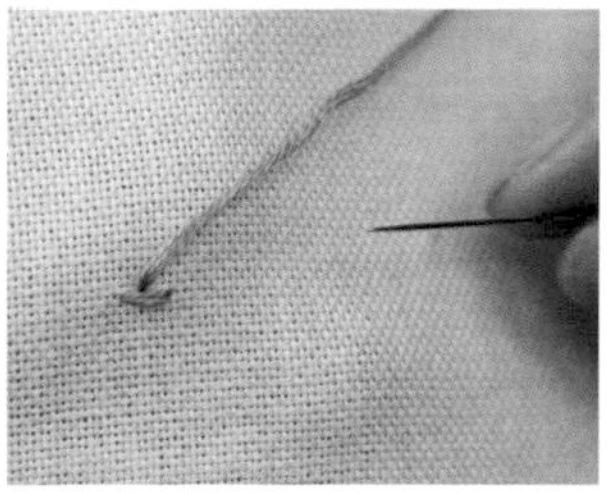
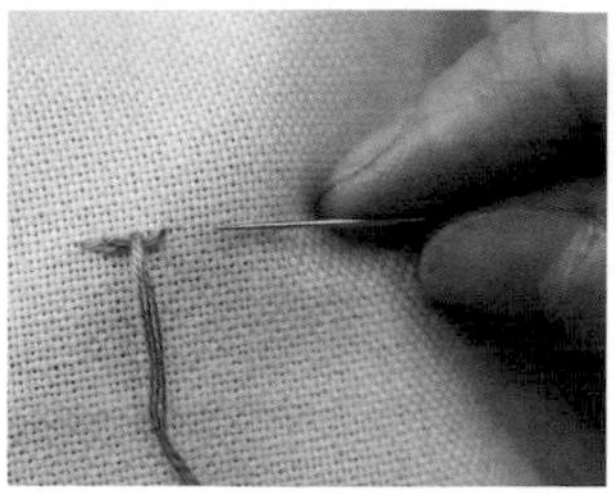
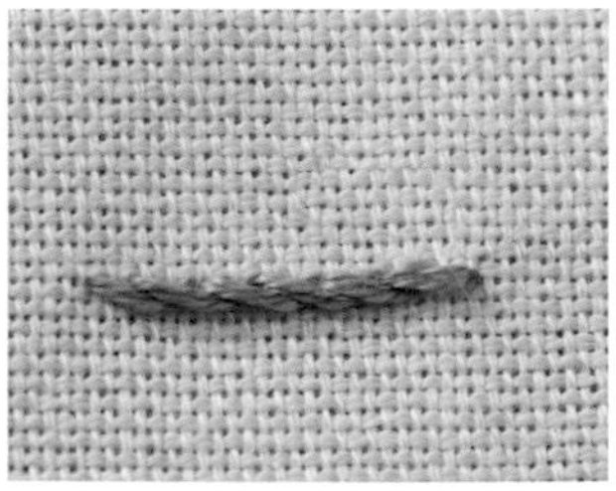

1 起針時不打結，先預留約針兩倍長的繡線再起針。（較不易固定的針法，如結粒繡等，可以打結）

2 將線放至下側，於針目的一半出針。

3 如圖完成一針。

4 依序進行輪廓繡並重複上述步驟。

5 輪廓繡即完成。

★輪廓繡＋雛菊繡

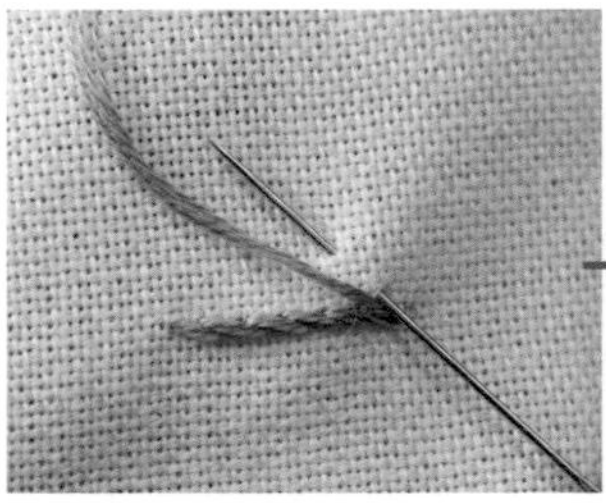

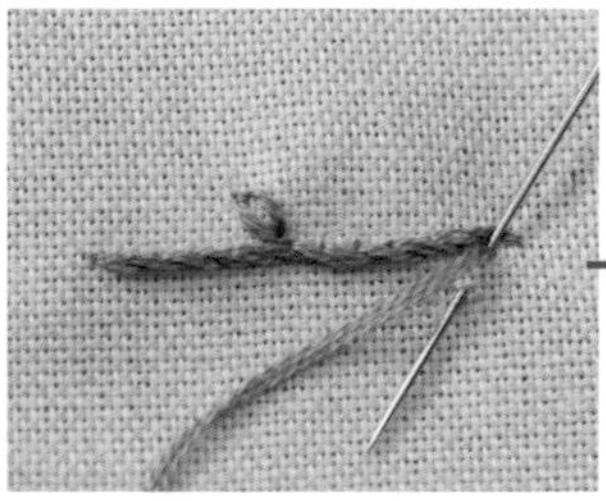
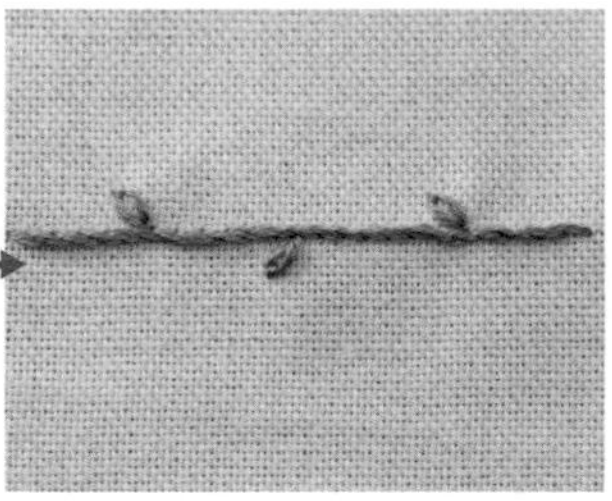
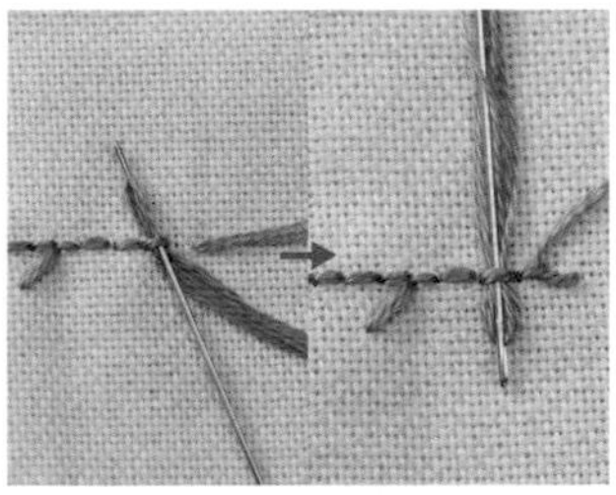

1 將線放至上方，完成一個雛菊繡。

2 接著再繡一段輪廓繡，緊接著不同方向繡雛菊繡。輪廓繡加雛菊繡即完成。

3 結尾收線也不打結，以針尾繞線，較不易傷到繡線及布料。

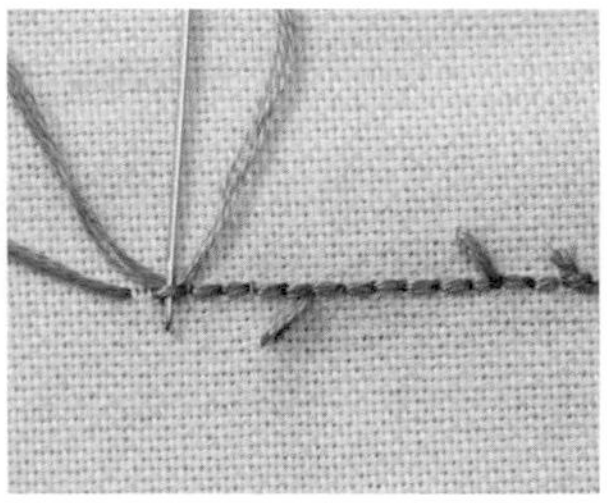
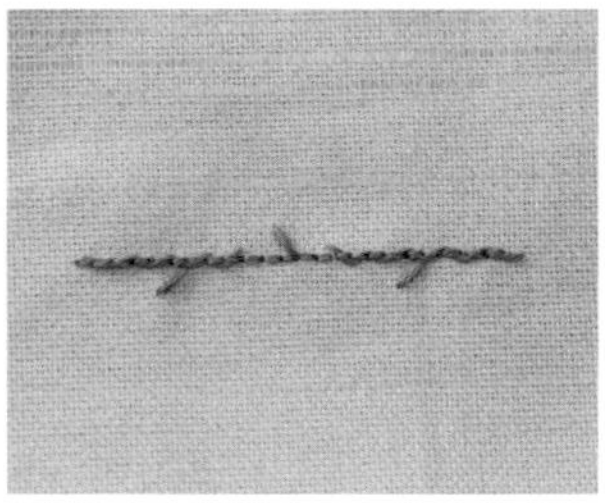

4 繞約4、5針即可。並修剪剩餘的線。

5 將起針時預留的繡線也以相同作法處理，使作品背面看起來乾淨清爽！

6 輪廓繡+雛菊繡完成（背面圖）。

★格子繡 + 結粒繡

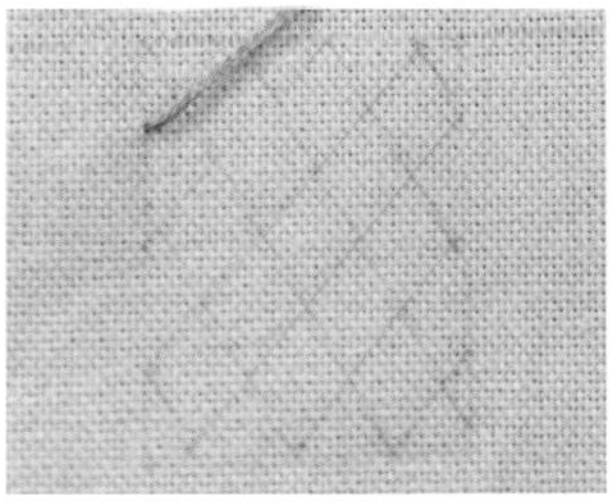
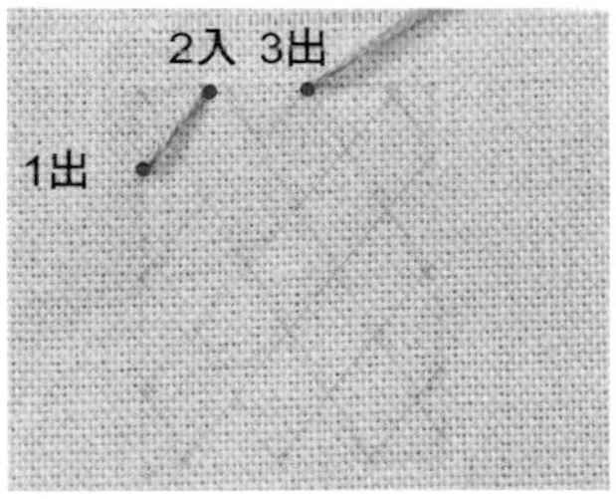

1 以水消筆將格子描繪完成，並起針。

2 依圖示進行刺繡。

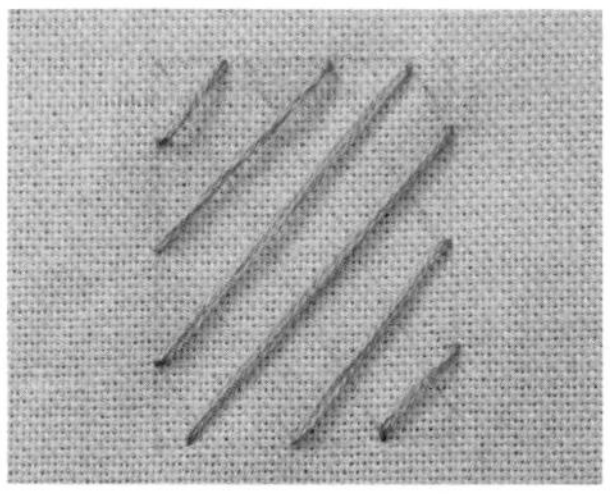
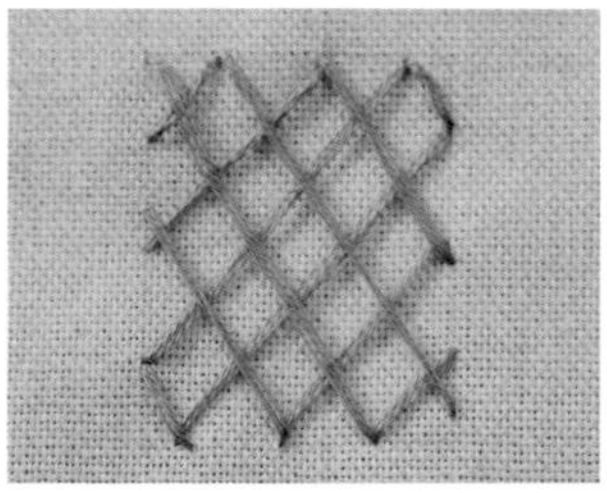
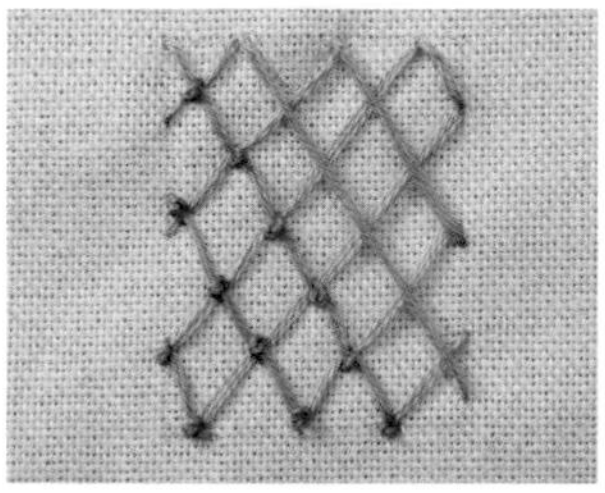

3 依圖示進行刺繡。

4 接著完成另一個方向的格子繡。

5 在十字交會的點以結粒繡固定即完成。

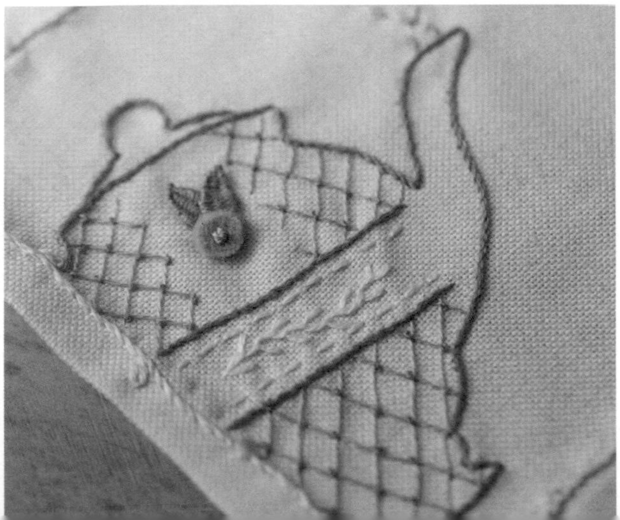

★羽毛繡

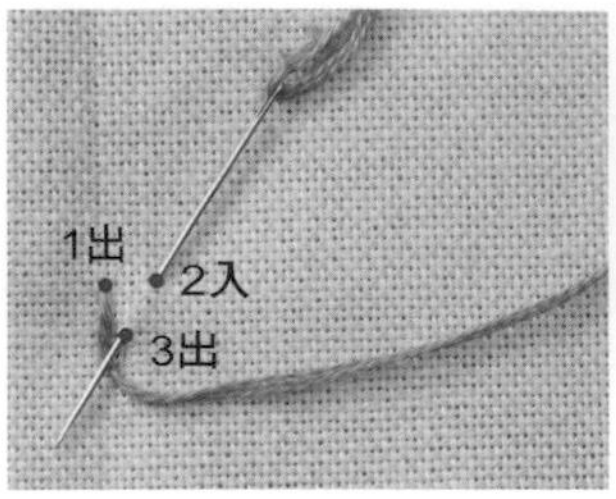

1 依圖示順序1出針，2入針後，3出針。

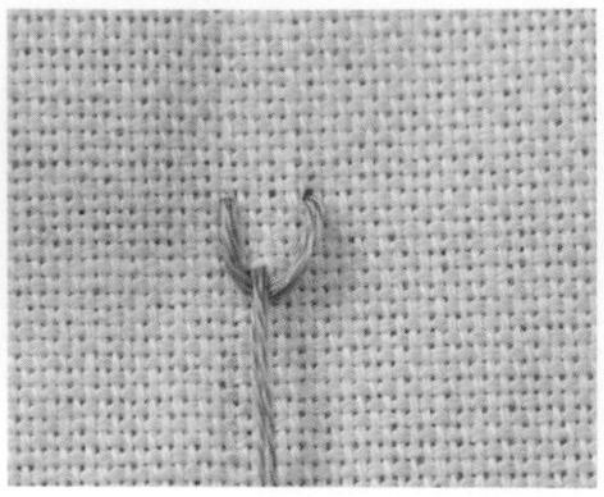

2 將線輕輕抽出，完成第一個羽毛繡。

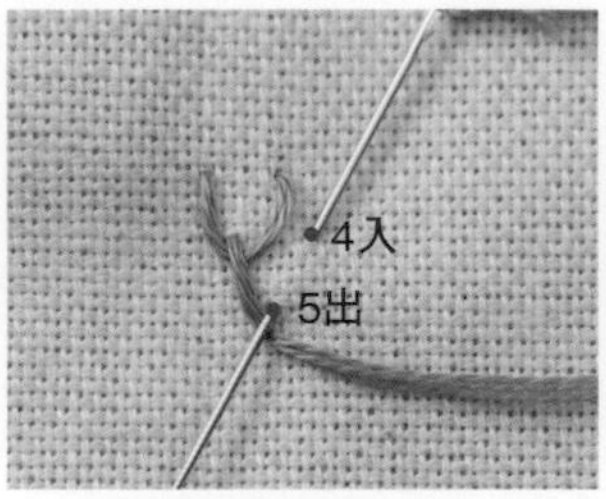

3 將線放右下方，4入針，再5出針後，將線輕輕抽出。

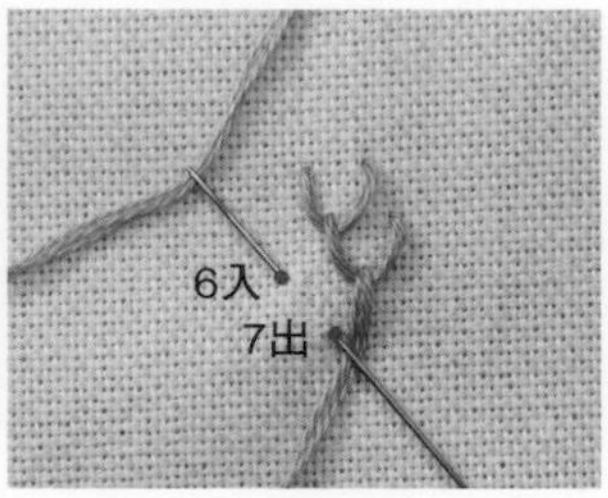

4 將線放左下方，6入針，再7出針。

5 重複步驟，結尾繡一小針固定，羽毛繡即完成。

★立體葉形繡

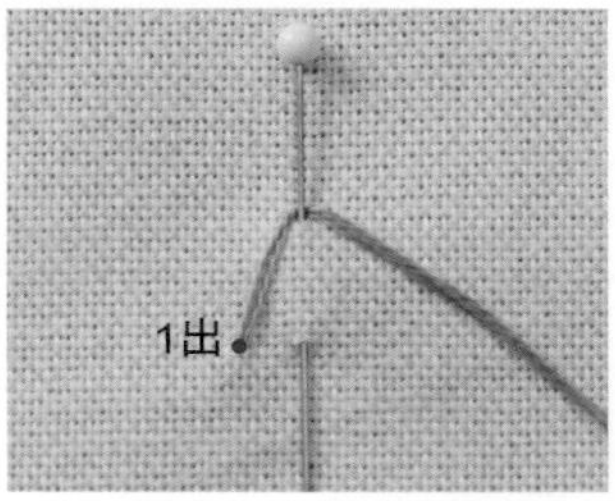

1 以珠針固定代表葉子的長度，在1出針，決定葉子一半的寬度，並將線掛在珠針上。

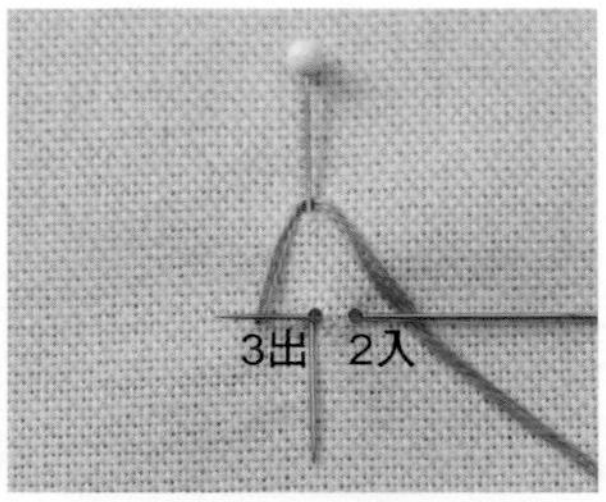

2 在另一半寬度，2入針後，再3出針。

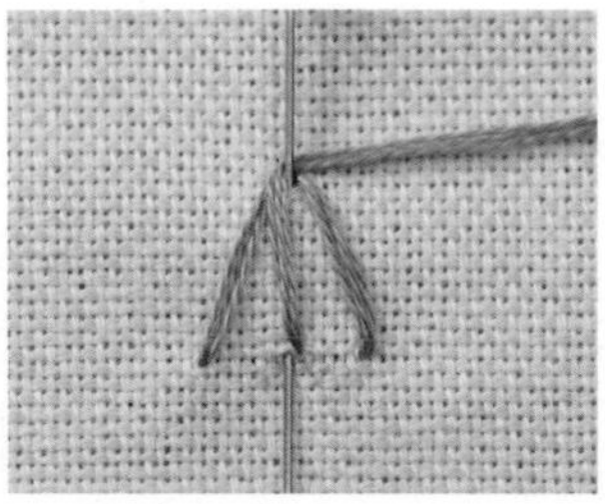

3 繡線抽出後，再掛在珠針上。

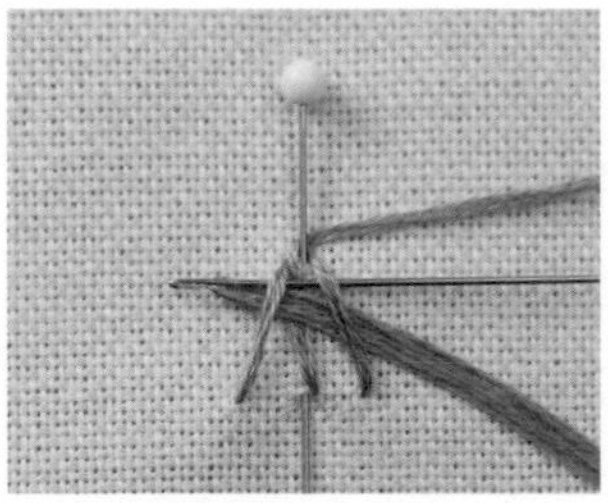

4 以針尾由右往左，上下交錯編織。葉尖處線可稍拉緊。

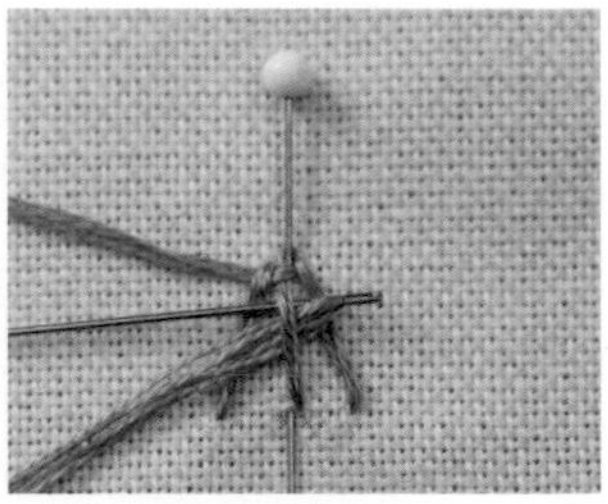

5 再從左往右，上下交錯編織。

6 重複編織動作，並留意拉線的力道會影響葉子的姿態。結尾在珠針處入針。

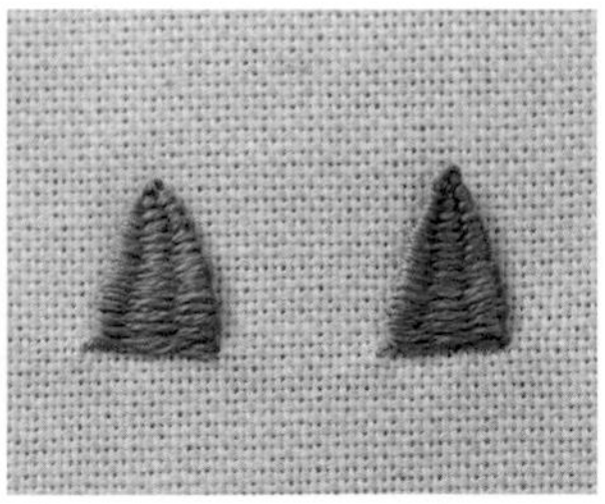

7 立體葉子繡即完成。

★珊瑚繡

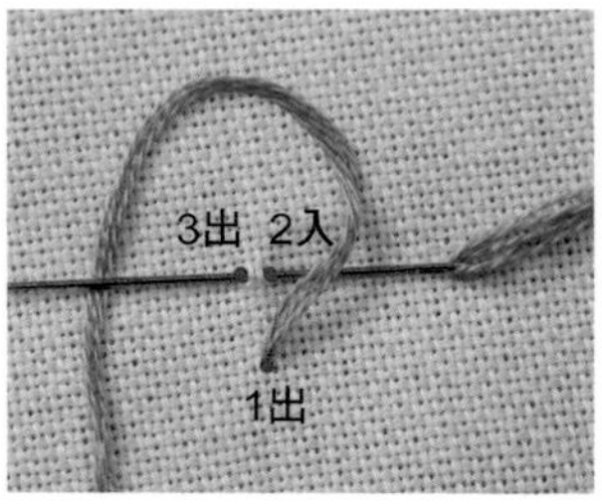

1 在1出針後，在很短的距離內縫2-3順序，並將線繞在針上。

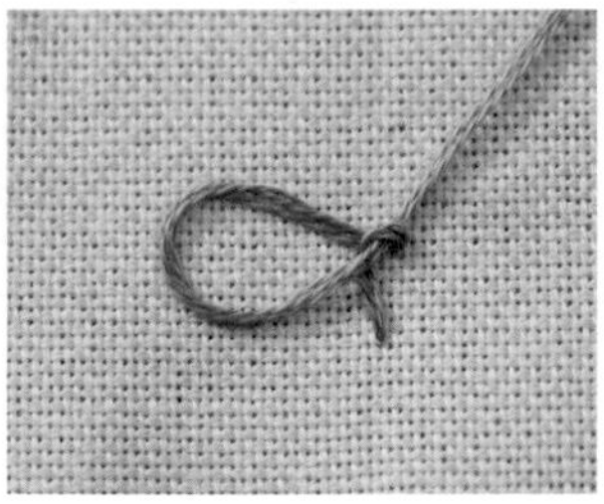

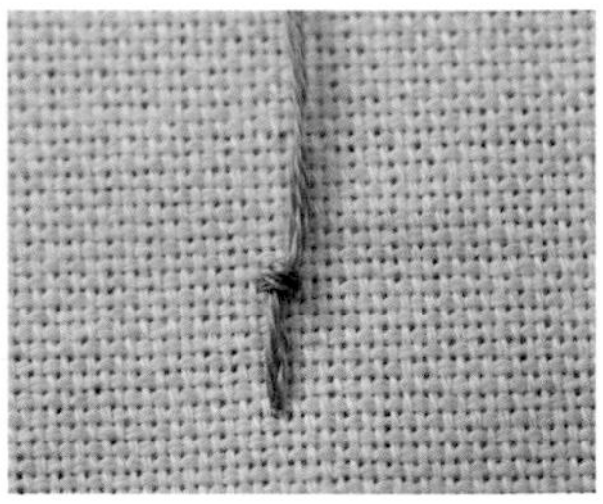

2 將線輕輕抽出。完成一個珊瑚繡。

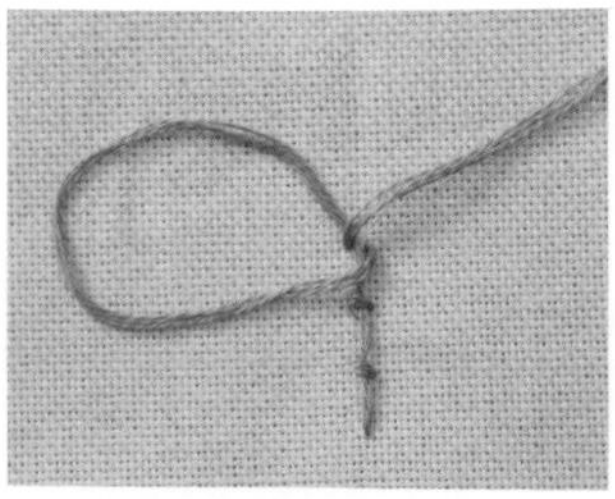

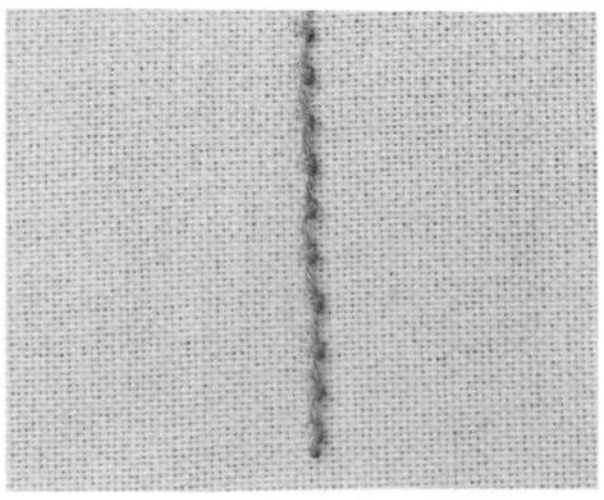

3 重複步驟，珊瑚繡即完成。

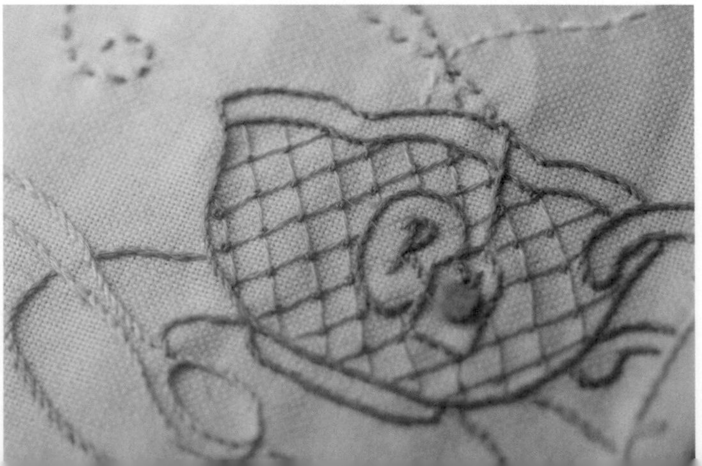

春日午茶杯墊 原寸紙型

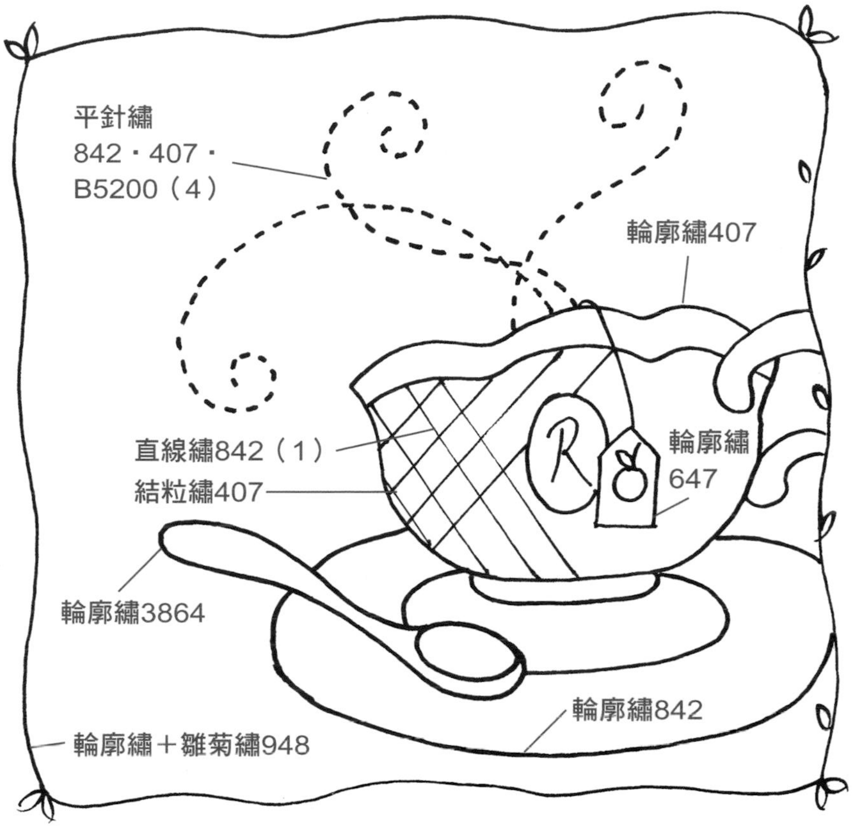
平針繡
842・407・
B5200（4）
輪廓繡407
直線繡842（1）
結粒繡407
輪廓繡
647
輪廓繡3864
輪廓繡842
輪廓繡＋雛菊繡948

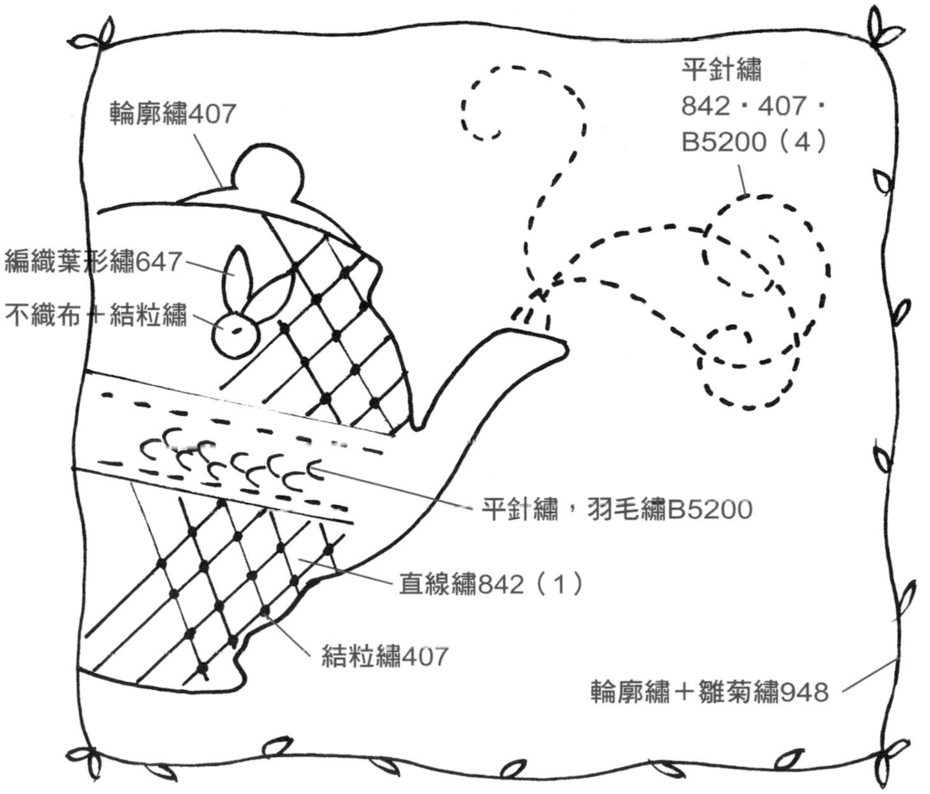
平針繡
842・407・
B5200（4）
輪廓繡407
編織葉形繡647
不織布＋結粒繡
平針繡，羽毛繡B5200
直線繡842（1）
結粒繡407
輪廓繡＋雛菊繡948

春日午茶餐墊

紙型A面

★作法請參考杯墊。
作品設計・製作・示範教學・作法文字提供／RUBY小姐

與針線共度的時間，
讓春天的小工作室，
漫著伯爵茶的醇香，
還有還有，
一股迷戀手作的甜。

Ruby小姐（陳慧如）
拼布資歷28年，彩繪專研，刺繡創作職人。現為「八色屋拼布・彩繪教室」負責人。

RUBY小姐
★ 最新著作 ★

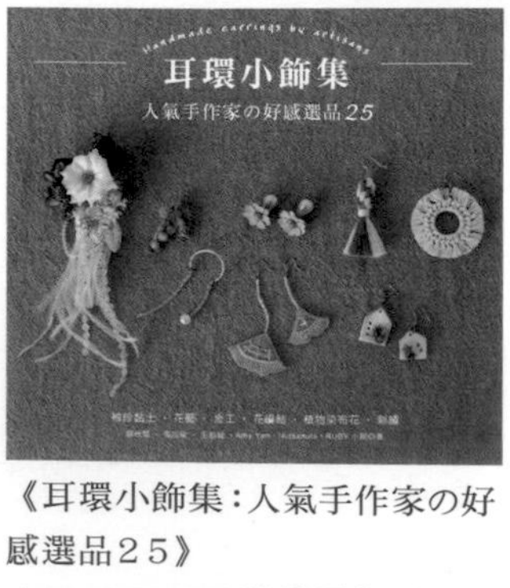

《耳環小飾集：人氣手作家の好感選品25》
★FACEBOOK請搜尋「八色屋拼布木器彩繪教室」

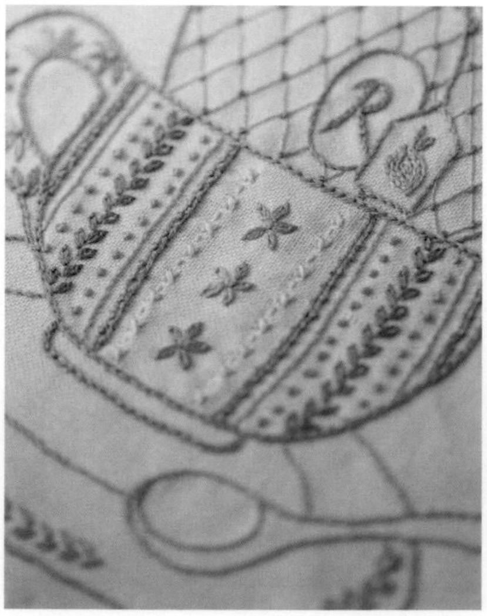

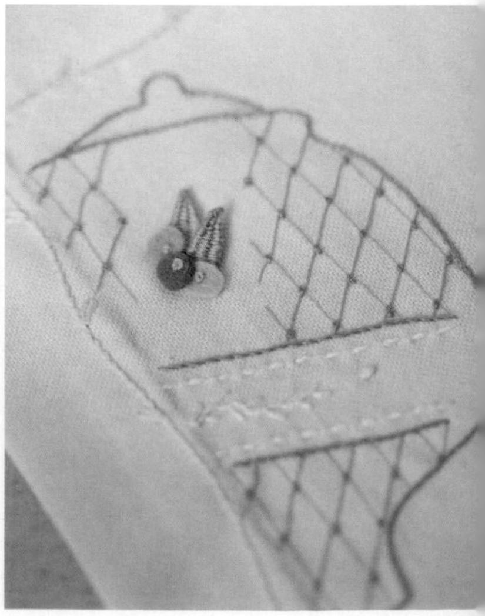

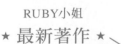

袖珍黏土・花藝・金工・花編結・植物染布花・刺繡

6種獨具特色的手作領域×25件手感創作耳環

耳環小飾集
人氣手作家の好感選品25

郭桄甄・張加瑜・王伯毓・
Amy Yen・Nutsxnuts・RUBY小姐◎著
定價380元

「聽說，戴上耳環的女子，都會比原本漂亮1.5倍……」
垂掛於耳間的飾物，
隨著打扮與心情挑選不同的款式，
飄逸的、率性的、可愛的、休閒的、
雅緻的、個性的、古典的……
選擇自己喜歡的關鍵字，配襯上自己的穿著風格，
這點兒小小物件，襯在臉旁，就有修飾與增色的效果！
本書邀請活躍於手藝界＆創意市集的6位手作家，
以不同的材質與想像，
演繹出耳邊最美麗的飾品！

Natural Dyed Fabric Flower Earrings

植物染布花耳環

染布不是只能在專業的染房進行，
只要在自家的廚房就可以完成喔！
選用在生活中常見、也好取得的素材，
就可以取得天然的色彩。
模擬著花朵在自然中的模樣
作成耳環，
喜歡的植物就能陪伴
生活中的每一刻。

Profile

Nutsxnuts

從植物身上萃取的顏色，再自己詮釋作出植物的姿態，佩戴在身上，是一件很浪漫的事。在接近大自然的地方，緩慢地經營著品牌，用對環境友善的方式創作。手作出的一顆顆的果實，就像是植物孕育果實一樣的美好自然。

★最新著作《耳環小飾集：人氣手作家の好感選品25》
粉絲專頁：Nutsxnuts

染布基本工具

1. 鍋子：用來煮染液。
（可以使用不鏽鋼鍋或沒有受損的琺瑯鍋）
2. 大碗 3 個：用來濃染和媒染。
3. 濾網
4. 量杯
5. 電子秤
6. 染材（圖中為洋蔥皮）
7. 濃染劑（無糖豆漿）
8. 媒染劑（明礬 ・ 醋酸銅 ・ 醋酸鐵 ・ 檸檬酸）

染布示範材料

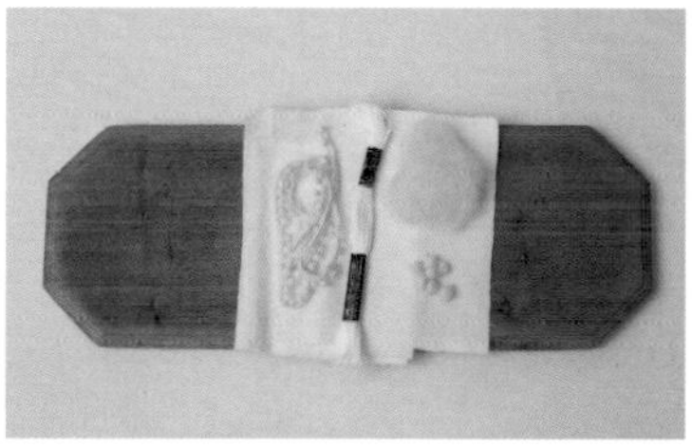

1. 純棉平織布20×20cm。
2. 純棉平織棉絨布10×10cm。
3. DMC 25號繡線 白色（B5200和Blanc都可以）。
4. 羊毛 白色2克（羊毛氈用）或使用以白色羊毛戳好的羊毛球。
5. 純棉蕾絲。

染布前的準備工作

先將要染的布料、繡線、羊毛等素材，以中性清潔劑輕輕清洗一次後，將洗劑徹底沖洗乾淨，這個步驟主要是去漿、清除雜質。

之後進行濃染，將洗好的素材浸泡在常溫的無糖豆漿裡，約30分鐘後，將素材稍微洗淨（需要保留一點豆漿的程度）。

染布步驟

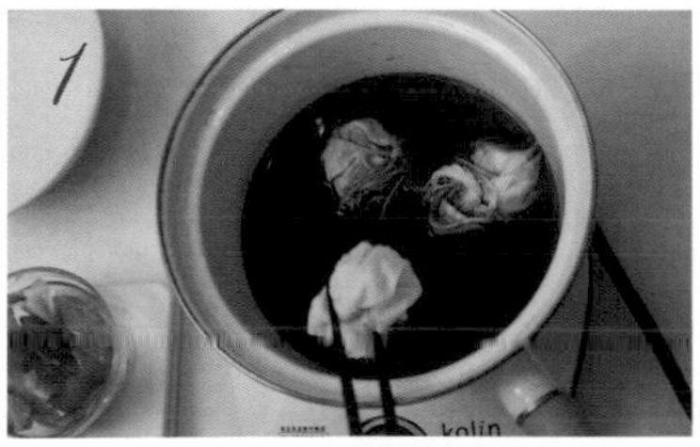

將20克的賈洋蔥皮放入700cc的水中加熱，煮至沸騰後，轉成小火並蓋上蓋子燜煮20分鐘，以濾網濾出染液，將處理好的布料浸泡在染液裡。

將布料均勻的沾附上染液，再以小火煮20分鐘。

準備媒染液。
左：醋酸銅媒染液
作法：醋酸銅5克加入200cc的溫水中攪拌均勻。
中：明礬媒染液作法
作法：明礬2克加入200cc的溫水中攪拌均勻。
右：醋酸鐵媒染液作法
作法：醋酸鐵5克加入200cc的溫水中攪拌均勻。

4. 染好的素材從鍋中取出後，稍微擰乾，放入媒染液中。

醋酸銅媒染的效果。

明礬媒染的效果。

醋酸鐵媒染的效果。

待顏色變化完成後，再均勻浸泡20分鐘。（左為醋酸銅，中為明礬，右為醋酸鐵）

下排為素材染製完成，以清水洗淨晾乾後完成的樣子。

左為乾燥洛神花加檸檬酸媒染。
右為沒有打磨過的黑豆加銅媒染。

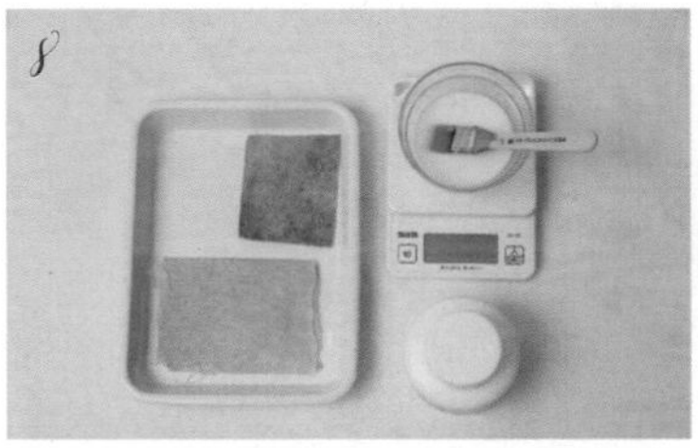

布料上漿後不容易變形也不易毛邊，是造花常用的技巧。染後晾乾後，以熨斗燙平。

上漿液製作方法

白膠加5倍分量的溫水，以刷子攪拌均勻，
刷在平整的布料上，夾起來平整的晾乾。
例：5克的白膠＋25cc的溫水攪拌均勻。
（因為白膠含有醋酸成分，也許會因此產生顏色變化。）

手作布花的基本工具&材料

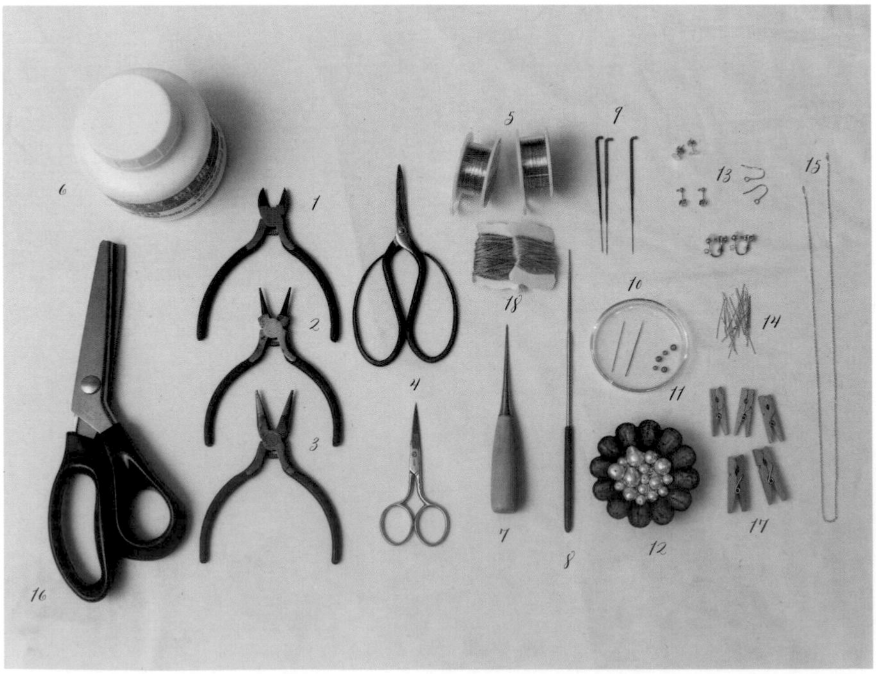

1. 斜剪鉗
2. 圓頭鉗
3. 平口鉗
4. 剪刀
5. 銅線 26 號 ・28 號
6. 木工用白膠
7. 錐子
8. 銼刀
9. 羊毛氈用戳針
10. 9 號刺繡針
11. 木珠（3mm・4mm・6mm）各數顆
12. 棉珍珠
13. 耳針和耳夾
14. T 針
15. 項鍊用鏈條
16. 鋸齒剪刀
17. 小夾子
18. 繡線。事先染製完成的線，整理後備用。

Marguerite

瑪格麗特貼耳耳環

工具 圓頭鉗・斜剪鉗・平口鉗・剪刀・錐子・木工用白膠・9號刺繡針・T針・小木夾・水滴狀棉珍珠2顆・耳針

材料 上漿後黑豆銅媒染棉布（朵）・上漿後洋蔥皮鐵媒染棉布（花托）・洋蔥皮明礬染羊毛球球（花心）・洋蔥皮明礬染繡線（花心）

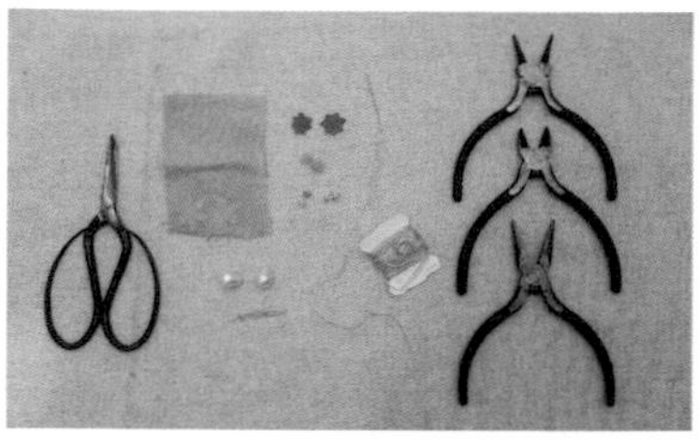

1 先依紙型剪下上漿後黑豆銅媒染棉布花朵2片，上漿後洋蔥皮鐵媒染花托1片（一朵花的片數）。

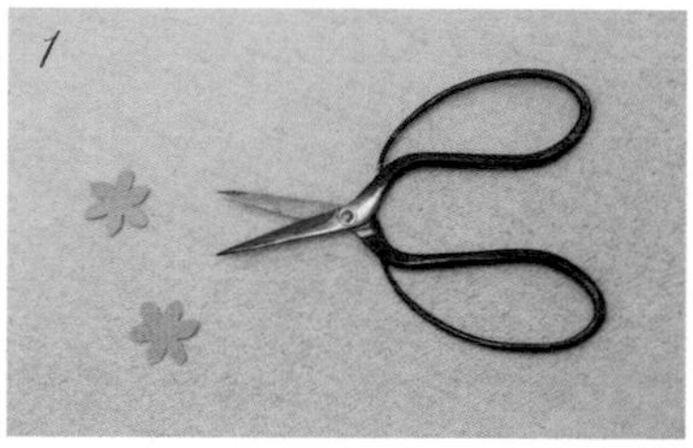

將剪下的花瓣黏在布片上，待乾後剪下。

花瓣中間對摺。

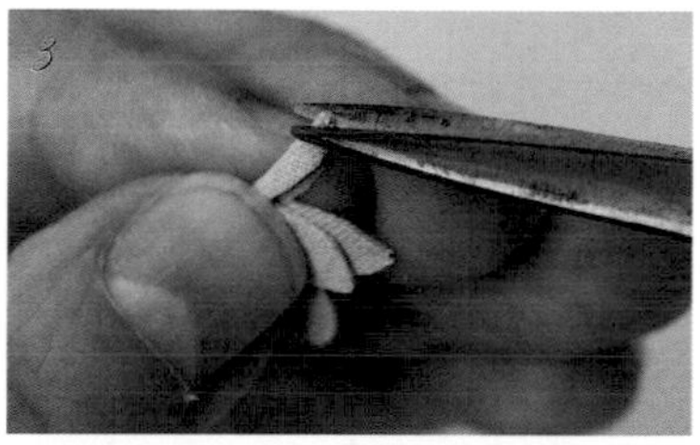

對摺後捏著花瓣在尖端剪下一小角。兩片花朵的六片花瓣都一樣於尖端剪下一小角。

以錐子在花瓣中心戳一個洞。

以錐子在花瓣上刻畫紋路。

兩片花朵的花瓣互相錯開，繡線穿針打結後，穿過中間的洞。

再穿過一個羊毛小球（作法同金合歡），針再穿回毛球中。

線繞針兩圈後，作法國結粒繡針法，再將針拉出來。

針再穿回毛球裡，多作幾個結粒繡在毛球上，有的可以穿過兩片花瓣中心部分，有的可以只穿過毛球。（如果線拉不出來，可使用平口鉗協助）

花瓣之間及花心之間，若不穩固呈現轉動，可以白膠固定補強。

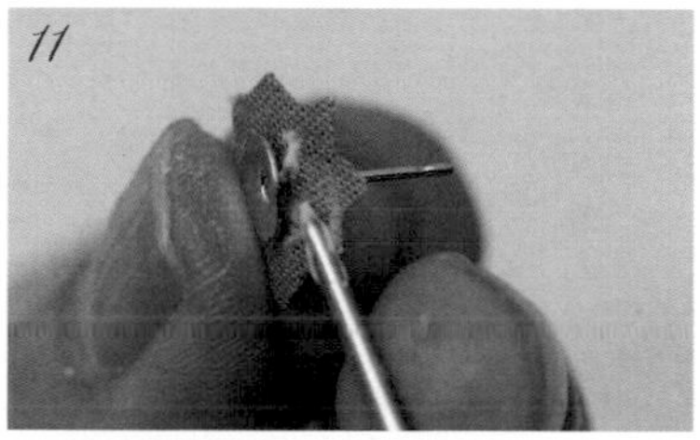

花托單層中心以錐子戳一個洞，耳針從中間穿出，並以白膠固定。

在耳針圓盤上塗白膠，和花瓣黏合，可夾上小木夾輔助結合至乾燥。

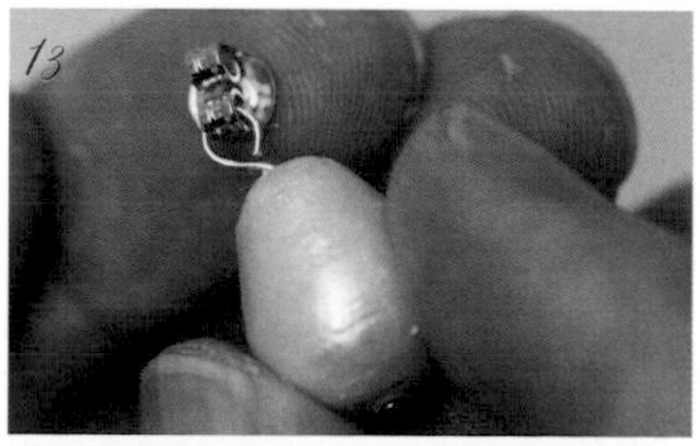

將T針穿過棉珍珠，以鉗子摺成直角。剪至0.9cm後以圓頭鉗捲成圓圈狀。因為要裝在耳釦上，圓可以大一點。

完成。

內文摘自：
《耳環小飾集：人氣手作家の好感選品25》，花朵紙型請參考書中附錄。

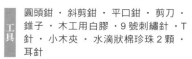

日本ブティック社獨家授權繁體中文版

拼布迷必備の【入門／進階】經典學習指南

「Patchwork拼布教室」是一本專門介紹拼布教學的專業雜誌，從基礎的拼布基礎課程、傳統圖形拼接方法、基礎縫紉知識、基礎刺繡作法、拼布圖案設計、簡易布作小物等，皆以詳細又精準的圖文解說，內附原寸紙型，搭配作法，可立即上手完成個人喜愛的拼布作品，本書是新手必備的拼布指南，也是進階者們的設計靈感聖典，對於想讓拼布功力更上一層樓的手作人而言，Patchwork拼布教室絕對是值得您每一期都用心收藏的經典參考工具書。

Patchwork拼布教室21

伴你拼布：可愛蘇姑娘圖選集

BOUTIQUE-SHA ◎授權

定價 380 元

PATTERN AND CHART BOOK

Stitch 刺繡誌

vol.18

附錄刺繡圖案集

圖案完成尺寸　約22.9×29.5cm

04 P.8

××××

art de vivre
（生活的藝術）

全部為十字繡

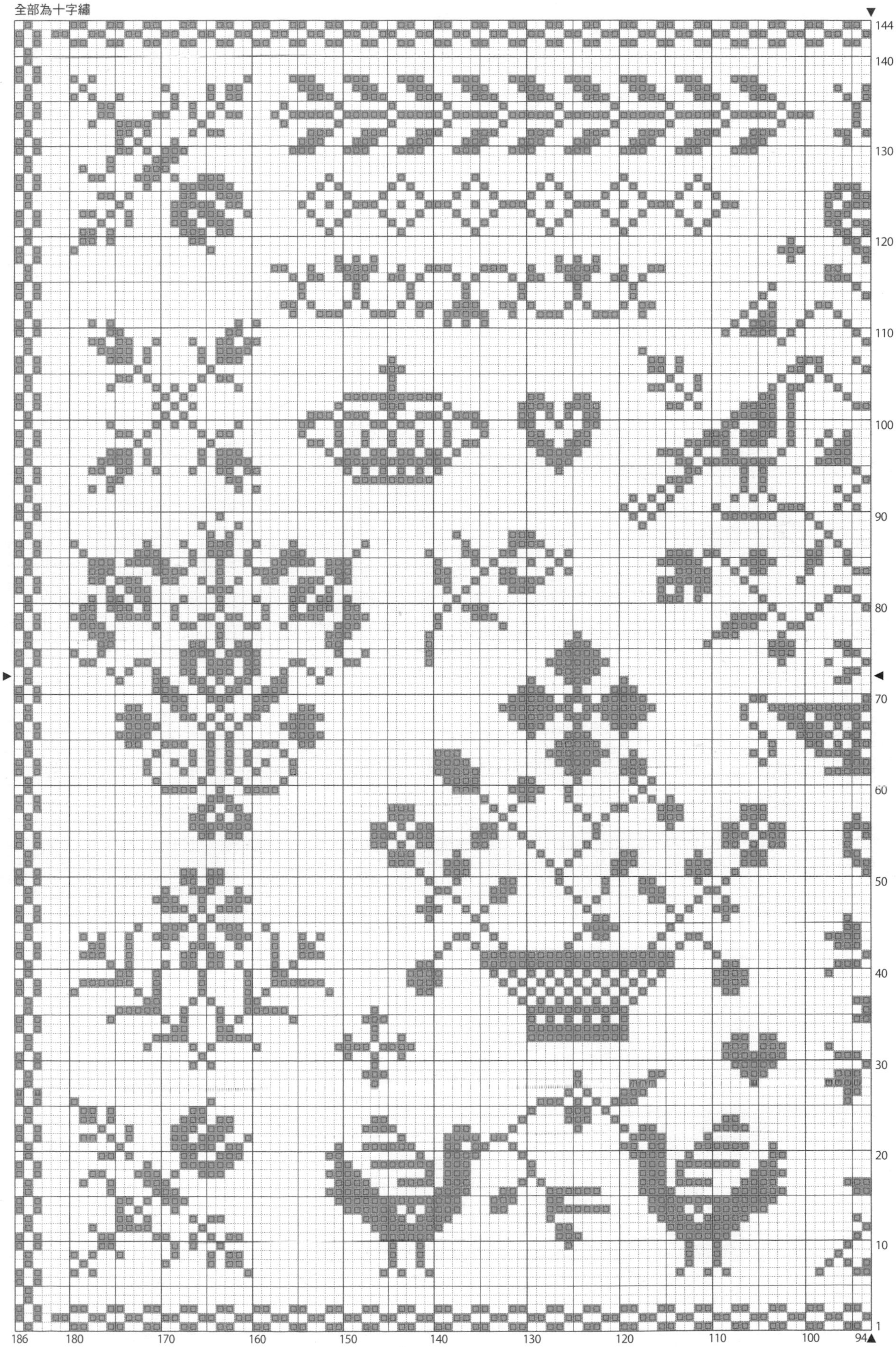

全部使用DMC25號繡線347・2股線（使用4束）　Zweigart亞麻繡布32ct（12目／1 cm）Natural　※以2×2目為1目

全部使用DMC25號繡線816・2股線（使用4束）　DMC亞麻繡布32ct（12目/1cm）Off-White（3865）　※以2×2目為1目　圖案完成尺寸　約29.4×21.6cm

06 P.10

××××

紅色樣本繡

185
180
170
160
150
140
130
120
110
100
91
回針繡
回針繡
除了指定處之外皆為十字繡

全部使用OOE花線604・1股線（使用５束）
亞麻繡布25ct（10目/１cm）milk coffee　※除了指定處之外，皆以２×２目為１目　X ⋈＝以織線１×２目或２×１目為１目（繡成長方形）圖案完成尺寸　約28.6×20.2cm

07 P.11

××××

在家中的寧靜片刻

20 P.26

來自 GARDEN & WILD FLOWERS 的「箱庭」

原寸圖案

除了指定處之外皆使用DMC25號繡線・3股線
5號＝DMC5號繡線・1股線　A・F・E＝Art Fiber Endo麻線・1股線
除了指定處之外皆為緞面繡
※外框是鏤空貼布繡
（在亮色亞麻布的中央剪出長方形，
再重疊黏上貼了雙面膠襯的暗灰色亞麻布）

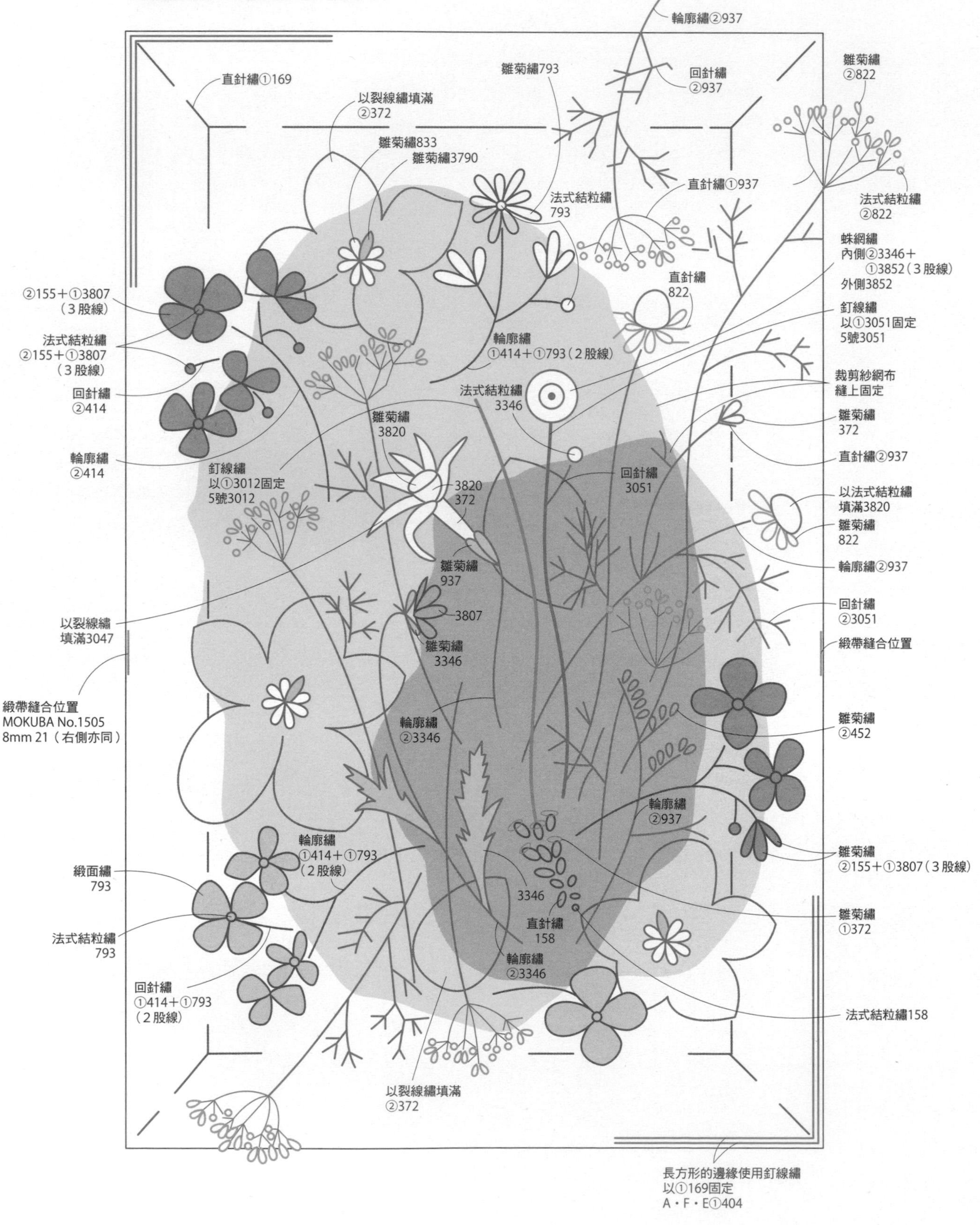

輪廓繡②937
雛菊繡793
回針繡
②937
雛菊繡
②822
直針繡①169
以裂線繡填滿
②372
雛菊繡833
雛菊繡3790
直針繡①937
法式結粒繡
793
法式結粒繡
②822
蜘網繡
內側②3346＋
①3852（3股線）
外側3852
直針繡
822
②155＋①3807
（3股線）
釘線繡
以①3051固定
5號3051
法式結粒繡
②155＋①3807
（3股線）
輪廓繡
①414＋①793（2股線）
回針繡
②414
法式結粒繡
3346
裁剪紗網布
縫上固定
雛菊繡
3820
雛菊繡
372
輪廓繡
②414
直針繡②937
釘線繡
以①3012固定
5號3012
3820
372
回針繡
3051
以法式結粒繡
填滿3820
雛菊繡
822
雛菊繡
937
輪廓繡②937
3807
回針繡
②3051
以裂線繡
填滿3047
雛菊繡
3346
緞帶縫合位置
緞帶縫合位置
MOKUBA No.1505
8mm 21（右側亦同）
雛菊繡
②452
輪廓繡
②3346
輪廓繡
②937
輪廓繡
①414＋①793
（2股線）
雛菊繡
②155＋①3807（3股線）
緞面繡
793
3346
直針繡
158
雛菊繡
①372
法式結粒繡
793
輪廓繡
②3346
回針繡
①414＋①793
（2股線）
法式結粒繡158
以裂線繡填滿
②372
長方形的邊緣使用釘線繡
以①169固定
A・F・E①404

27 P.32

聖誕花環無框畫

原寸圖案

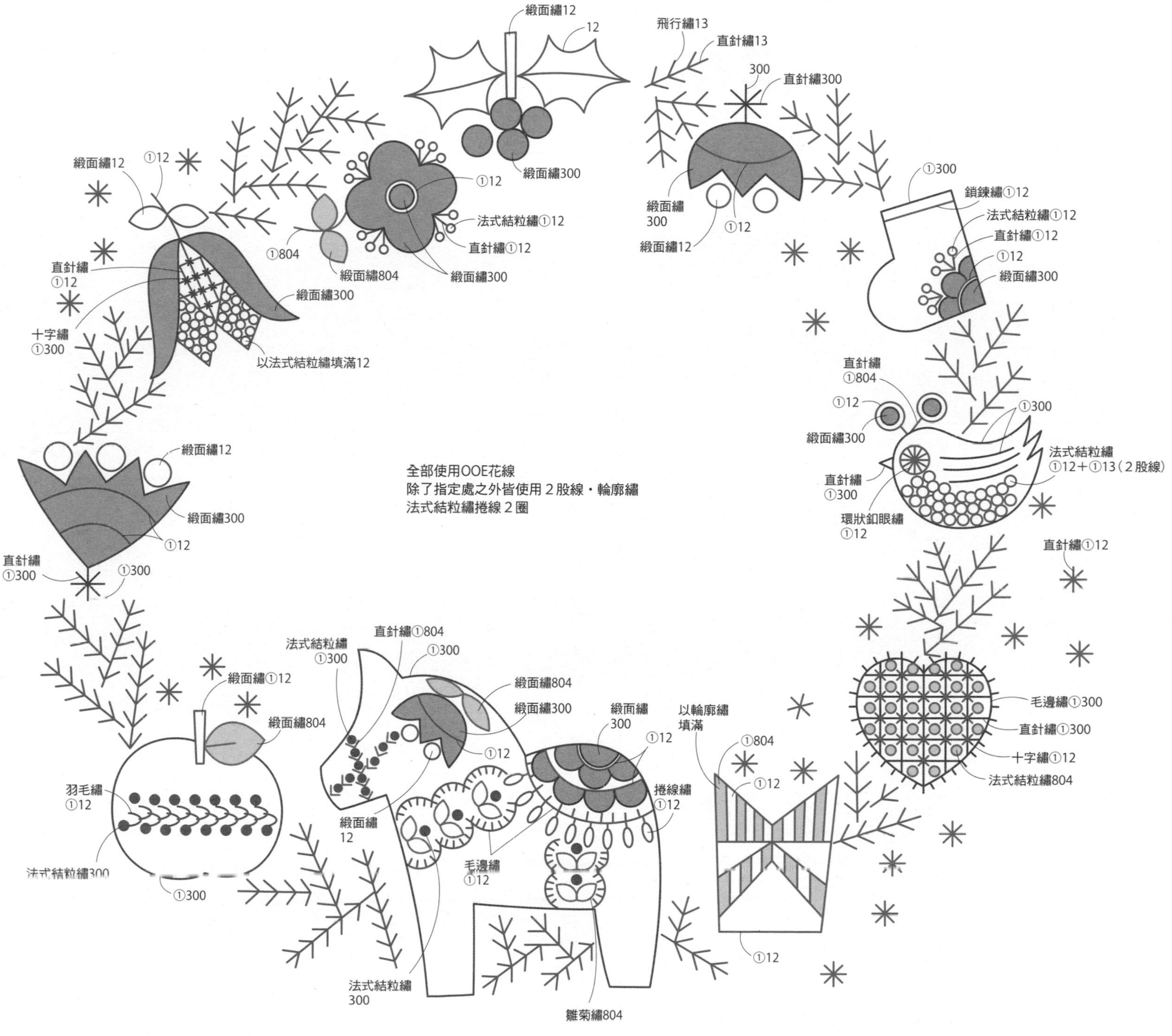
緞面繡12
12
飛行繡13
直針繡13
300
直針繡300
緞面繡12
①12
緞面繡300
①12
法式結粒繡①12
直針繡①12
①804
緞面繡804
緞面繡300
緞面繡300
直針繡
①12
十字繡
①300
以法式結粒繡填滿12
緞面繡
300
①12
緞面繡12
①300
鎖鍊繡①12
法式結粒繡①12
直針繡①12
①12
緞面繡300
直針繡
①804
①12
①300
緞面繡300
法式結粒繡
①12+①13（2股線）
直針繡
①300
環狀釦眼繡
①12
直針繡①12
緞面繡12
緞面繡300
①12
直針繡
①300
①300
直針繡①804
法式結粒繡
①300
①300
緞面繡①12
緞面繡804
緞面繡804
緞面繡300
緞面繡
300
以輪廓繡
填滿
①12
①804
①12
捲線繡
①12
①12
羽毛繡
①12
緞面繡
12
毛邊繡
①12
法式結粒繡300
①300
毛邊繡①300
直針繡①300
十字繡①12
法式結粒繡804
①12
法式結粒繡
300
雛菊繡804

全部使用OOE花線
除了指定處之外皆使用２股線・輪廓繡
法式結粒繡捲線２圈

28 P.33

××××

柊樹與聖誕彩球掛畫

原寸圖案

全部使用DMC繡線 除了指定處之外皆為25號線 除了指定處之外皆為２股線
G= Diamant Grande（金蔥線）・1股
除了指定處之外皆為輪廓繡

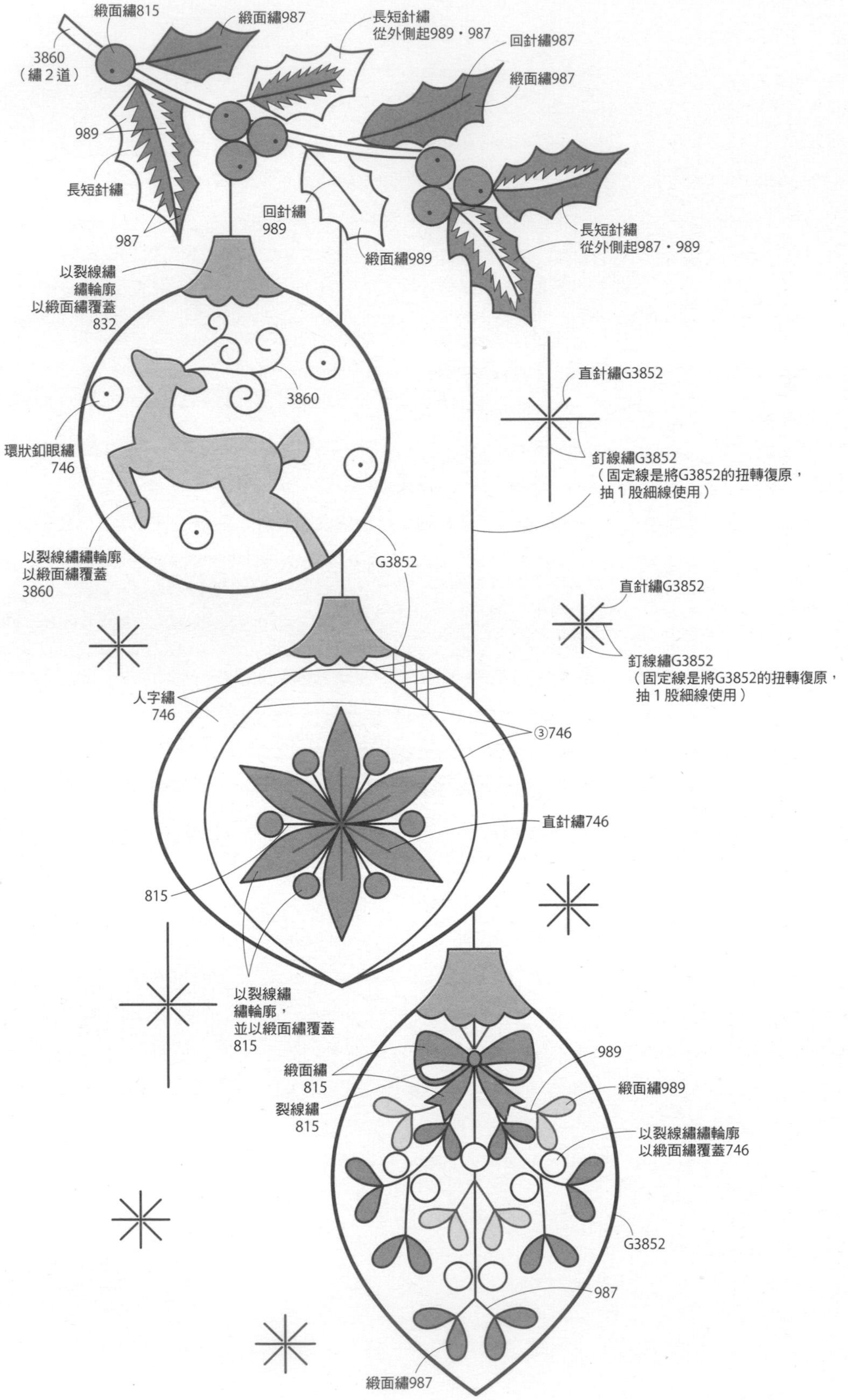

緞面繡815
緞面繡987
長短針繡
從外側起989・987
回針繡987
緞面繡987
3860
（繡２道）
989
長短針繡
987
回針繡
989
緞面繡989
長短針繡
從外側起987・989
以裂線繡
繡輪廓
以緞面繡覆蓋
832
3860
環狀釦眼繡
746
以裂線繡繡輪廓
以緞面繡覆蓋
3860
G3852
直針繡G3852
釘線繡G3852
（固定線是將G3852的扭轉復原，
抽１股細線使用）
直針繡G3852
釘線繡G3852
（固定線是將G3852的扭轉復原，
抽１股細線使用）
人字繡
746
③746
直針繡746
815
以裂線繡
繡輪廓，
並以緞面繡覆蓋
815
989
緞面繡989
緞面繡
815
裂線繡
815
以裂線繡繡輪廓
以緞面繡覆蓋746
G3852
987
緞面繡987

36・37 ××××　×××× P.39

茶花與梅花迷你波奇包

原寸圖案

全部使用FUJIX　除了指定處之外皆為Soie・1股線（無需抽出使用）
LM=Sparkle Lame・1股線　除了指定處之外皆為緞面繡　法式結粒繡捲線２圈
虛線為緞面繡和長短針繡的引導線

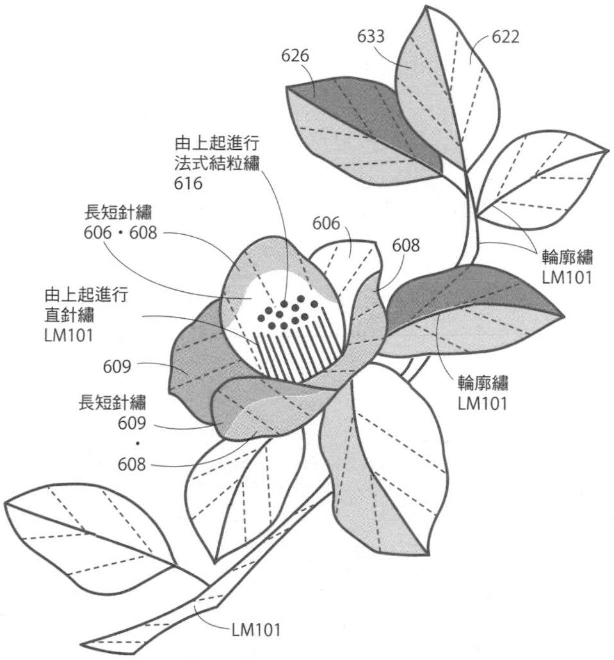

626
633
622
由上起進行
法式結粒繡
616
長短針繡
606・608
606
608
輪廓繡
LM101
由上起進行
直針繡
LM101
609
長短針繡
609
・
608
輪廓繡
LM101
LM101

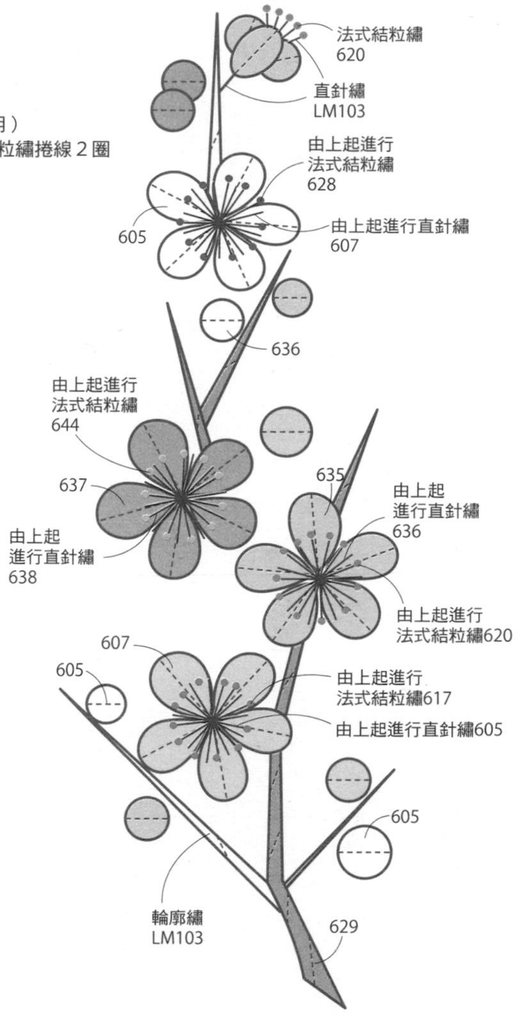

法式結粒繡
620
直針繡
LM103
由上起進行
法式結粒繡
628
605
由上起進行直針繡
607
636
由上起進行
法式結粒繡
644
637
635
由上起
進行直針繡
636
由上起
進行直針繡
638
由上起進行
法式結粒繡620
607
605
由上起進行
法式結粒繡617
由上起進行直針繡605
605
輪廓繡
LM103
629

29～31 ××××　×××× P.36　十字繡紅包袋

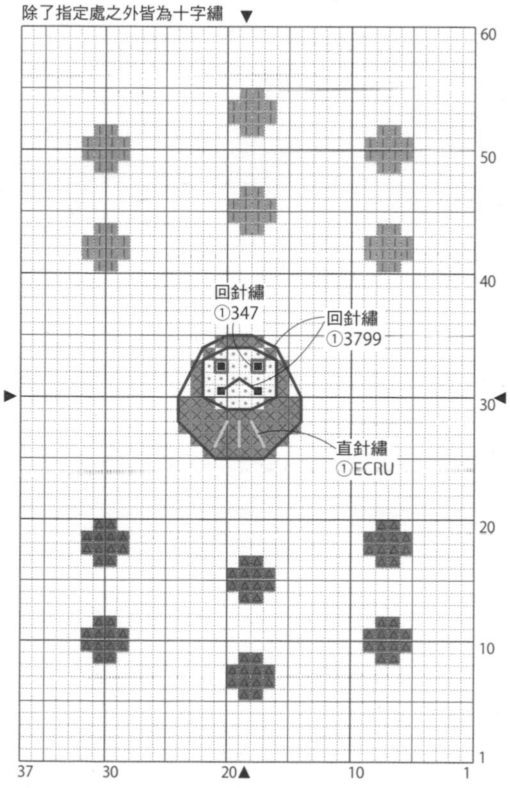

除了指定處之外皆為十字繡
回針繡
①347
回針繡
①3799
直針繡
①ECRU
60
50
40
30
20
10
1
37
30
20
10
1

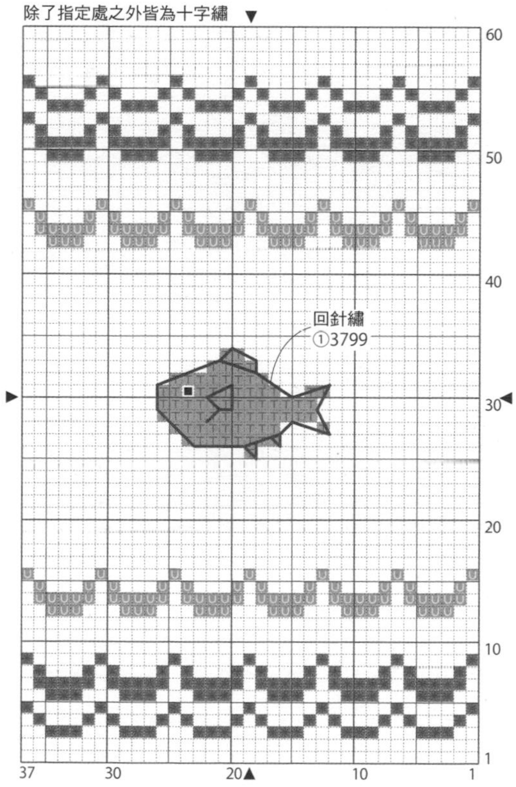

除了指定處之外皆為十字繡
回針繡
①3799
60
50
40
30
20
10
1
37
30
20
10
1

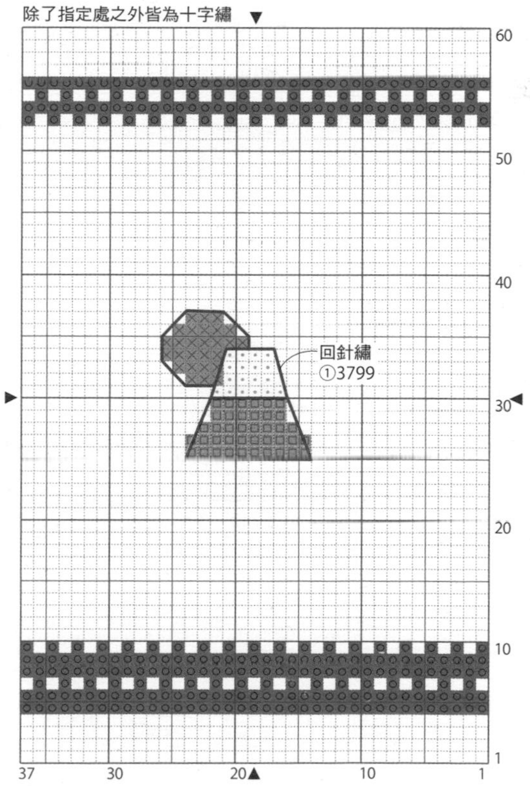

除了指定處之外皆為十字繡
回針繡
①3799
60
50
40
30
20
10
1
37
30
20
10
1

ECRU　347　561　3799　3813

350　517　518　3799

ECRU　31　347　597

全部皆使用DMC 25號繡線　除了指定處之外皆為２股線
DMC Aida繡布14ct（55目／10cm）從左起為light gray（644）・BLANC・light blue（162）　圖案完成尺寸（前側60×37目）各約10.9×6.7cm

01 P.4
××××
羈絆手作
原寸圖案

全部為COSMO 25號繡線
（2020年發售的新色）
除了指定處之外皆為２股線・緞面繡

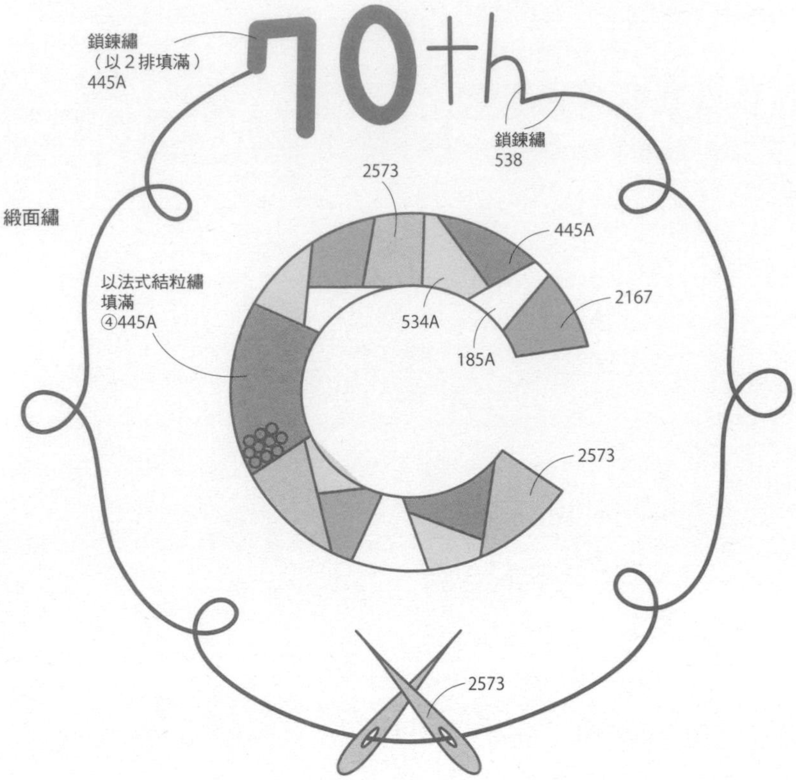

鎖鍊繡
（以２排填滿）
445A
鎖鍊繡
538
2573
445A
以法式結粒繡
填滿
④445A
534A
2167
185A
2573
2573

除了指定處之外，粗線皆為回針繡 指定處之外皆為２股線

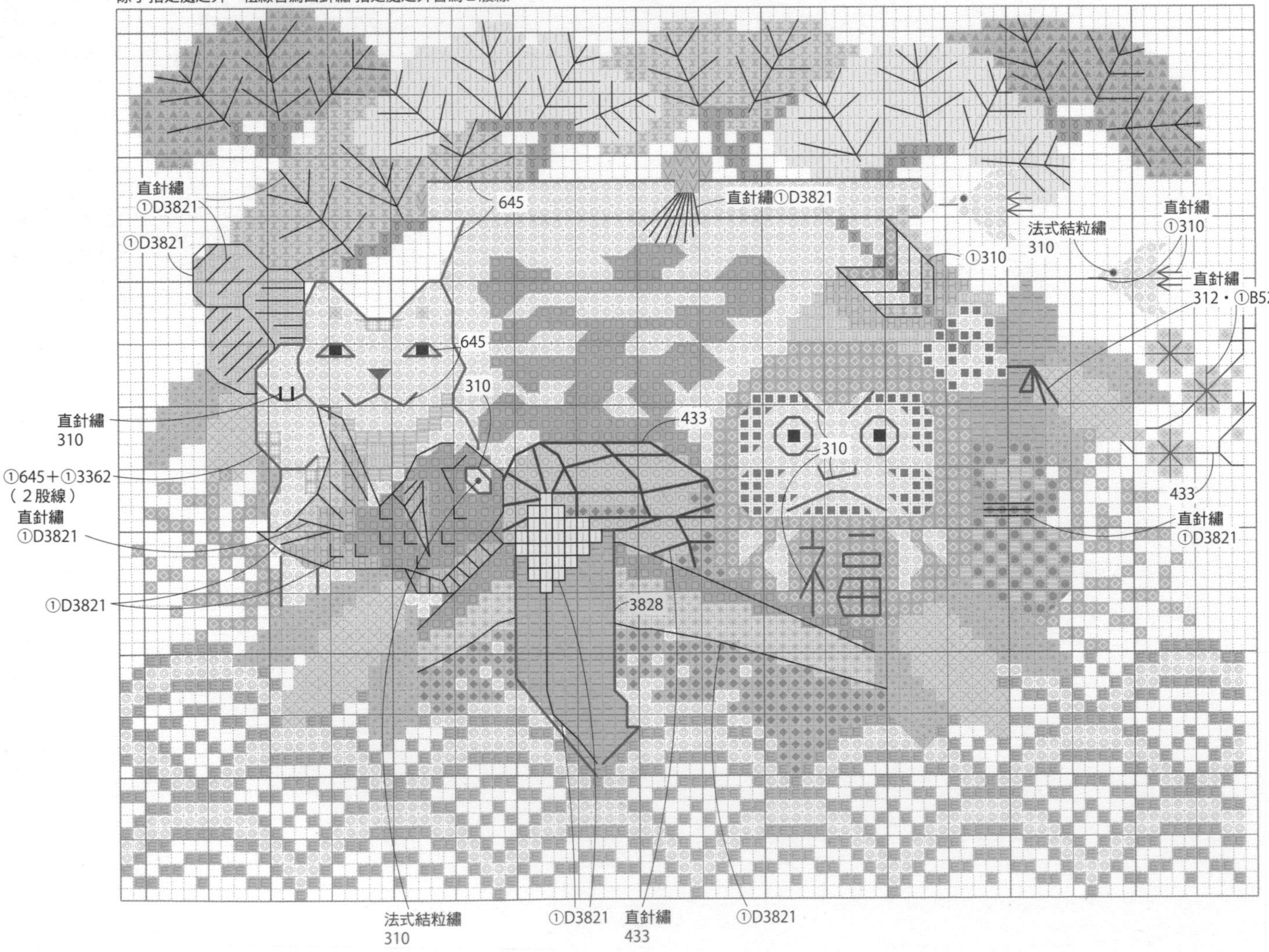

直針繡
①D3821
①D3821
645
直針繡①D3821
①310
法式結粒繡
310
直針繡
①310
直針繡
312・①B5200
645
310
直針繡
310
433
310
①645＋①3362
（２股線）
直針繡
①D3821
433
直針繡
①D3821
①D3821
3828
法式結粒繡
310
①D3821
直針繡
433
①D3821

43 P.56

××××

富士山與寶船

除了指定處之外皆為十字繡

B5200 D3821 D3821（1股線） 310 312 321 350 433 612 645 701 817 834 904 905 973 986 3046 3362 3713 3760 3828 3834 3835

全部使用DMC繡線　除了指定處之外皆為25號線　D= Diamant（金蔥線）　除了指定處之外皆使用２股線

寬20cm亞麻繡布條28ct（11目／1 cm）natural　※以２×２目為１目

圖案完成尺寸　約25.4×16.7cm　※圖案下半部分的回針繡等，參照右頁圖片。

45 P.58
××××

天皇與皇后人偶

除了指定處之外皆為十字繡

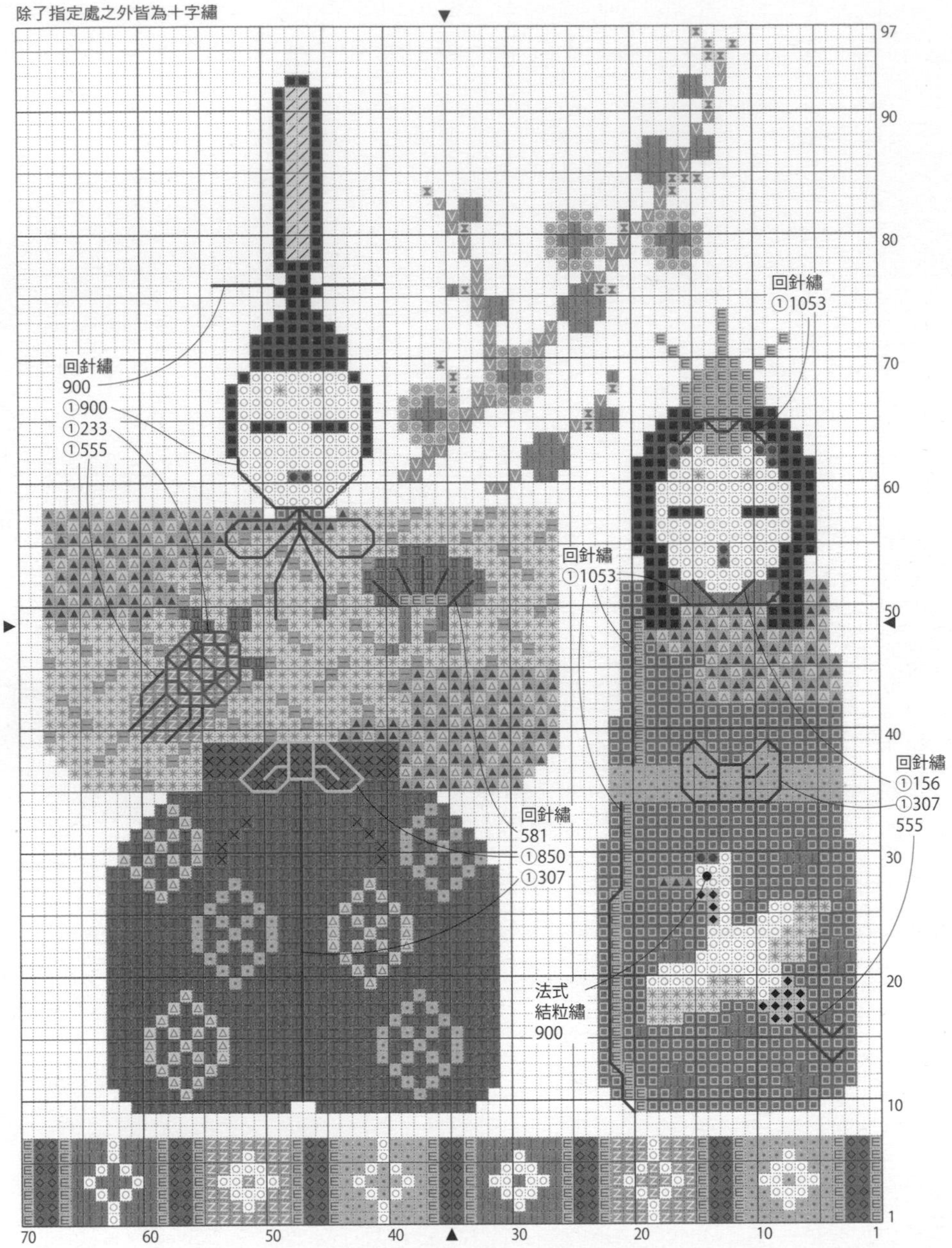

回針繡
900
①900
①233
①555
回針繡
①1053
回針繡
①1053
回針繡
581
①850
①307
回針繡
①156
①307
555
法式
結粒繡
900

■ 156 ▨ 229 ⌧ 229（1股線）▥ 233 ⊠ 307 ▦ 364 ✳ 484 ▤ 485 ▲ 555 △ 561 ▤ 581 ◙ 742 ▼ 742（1股線）
○ 850 ◆ 900 ■ 900（3股線）▨ 900（半針繡，僅繡）▩ 1043 ◎ 1043（1股線）● 1053 ▣ 3050

全部使用Olympus25號繡線　除了指定處之外皆為２股線　Olympus Aida繡布14ct（55目／10cm）off-white（1032）

圖案完成尺寸　約17.6×12.7cm

46 P.59

××××

端午節

除了指定處之外皆為十字繡

回針繡
600
回針繡
276
回針繡
錦線
①31

▪ 錦線31（1股線） ▪ 154 ▪ 203 ▪ 216 ▪ 273 ▪ 276 ▪ 285 ▪ 301 ▪ 310 ▪ 341 ▪ 346 ▪ 346（3股線）
▪ 574 ▪ 600 ▪ 600（3股線） ▪ 703 ▪ 2500

全部使用COSMO繡線　除了指定處之外皆為25號線　錦線（にしきいと）＝金蔥線 除了指定處之外皆為２股線
COSMO JAVA Cloth55（14ct・55目 / 10cm）frozen blue（89）　圖案完成尺寸　約22.5×14.5cm

52 ××××
P.66

瘋刺繡！
各種葉片的繡法

原寸圖案

全部使用COSMO 25號繡線
除了指定處之外皆為３股線
除了指定處之外皆為輪廓繡

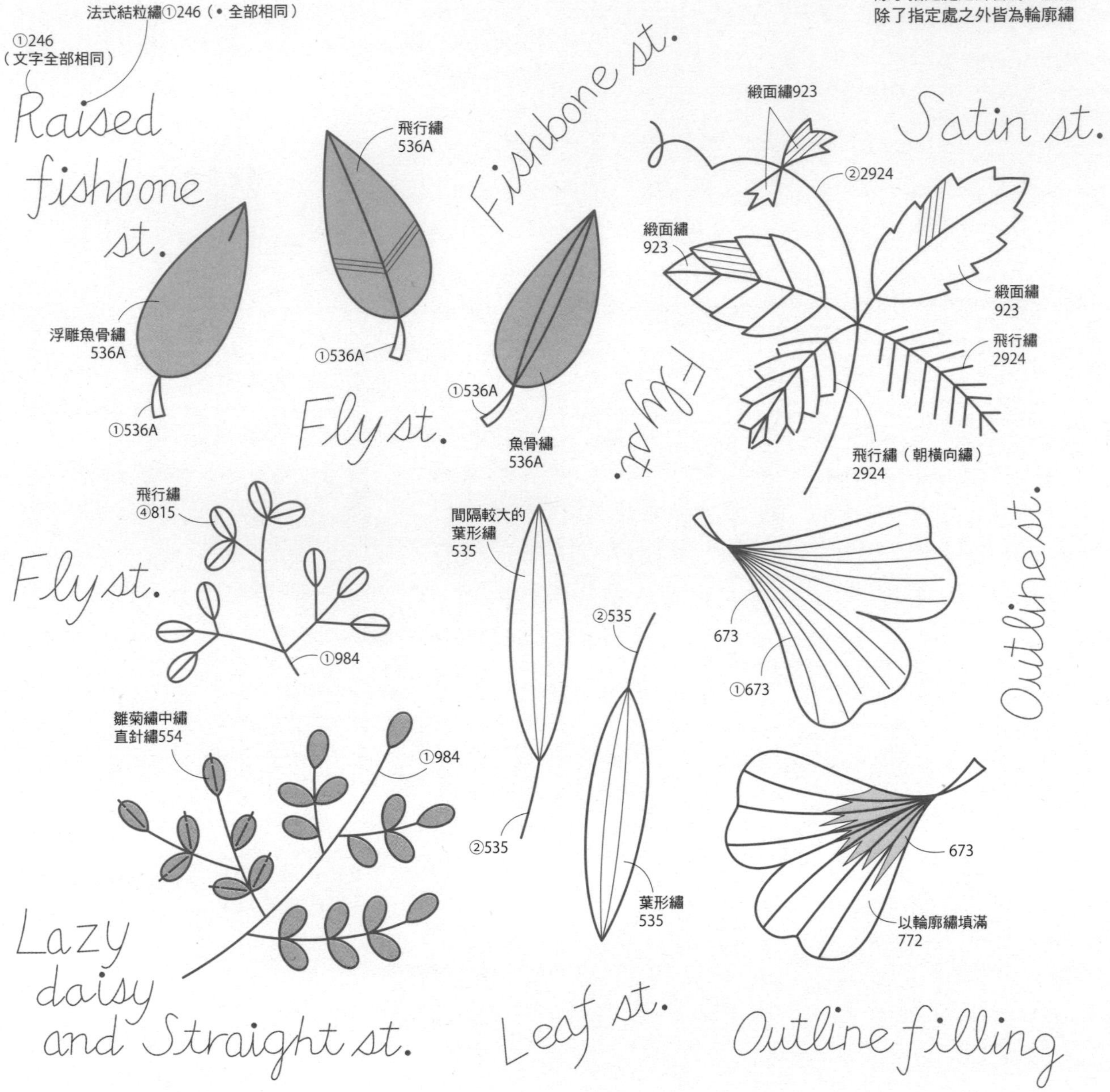

法式結粒繡①246（・全部相同）
①246
（文字全部相同）
Raised fishbone st.
浮雕魚骨繡
536A
①536A
飛行繡
536A
①536A
Fly st.
Fishbone st.
①536A
魚骨繡
536A
緞面繡923
Satin st.
②2924
緞面繡
923
緞面繡
923
飛行繡
2924
Fly st.
飛行繡（朝橫向繡）
2924
飛行繡
④815
Fly st.
①984
雛菊繡中繡
直針繡554
①984
Lazy daisy and Straight st.
間隔較大的
葉形繡
535
②535
②535
葉形繡
535
Leaf st.
673
①673
Outline st.
673
以輪廓繡填滿
772
Outline filling

BASICS AND HOW TO MAKE

XXXX

一定要學會の刺繡基礎&作法

準備材料&工具

針 → 2 請參考「關於繡針」

布 → 3 請參考「關於布料」

線 → 4 請參考「關於繡線」

剪刀

刺繡用的線剪與布剪是必要的工具，
製作時請選用尖端為細規格的線剪較為方便。

繡框

用來將布撐開的工具。如果是使用硬質的布刺繡，不使用繡框也可以，隨著圖案大小，框的尺寸需變換使用。

描圖工具 → 1 請參考「關於圖樣」

描圖紙、細字筆、勾邊筆或鐵筆（沒水的原子筆亦可）、手工藝專用複寫紙、珠針、玻璃紙
※製作十字繡時則不需要。

3 關於布

○布料的種類

十字繡	適合一邊數織目一邊製作刺繡的布　※（　）內為織目的算法

粗 ← 十字繡用布 —— 平織布 → 細

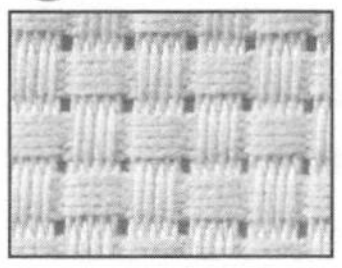

Java Cloth

有規則性的方形格排列孔，可以讓針刺入，專門用作十字繡的布。織目較粗容易計算，初學者可安心使用。
（粗目・中目・細目）

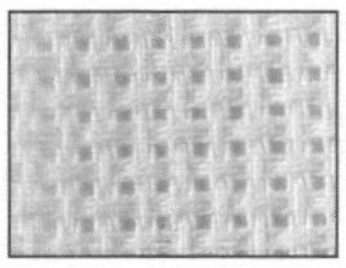

Aida

與Java Cloth的織法不同，請依個人喜好使用，還有Indian Cloth等種類。
（○ct・○目／10cm）

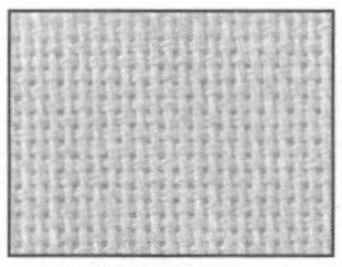

Congress

將經線與緯線有規則地織成的布，織線較粗，容易計算織目。還有Etamin等種類。
（○目／10cm）

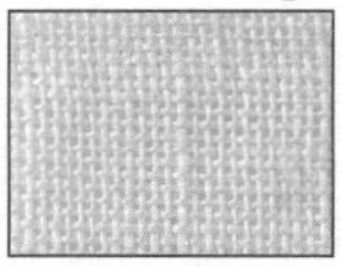

刺繡用亞麻布

因為繡線的粗細平均，選擇時請挑選在一定面積內經緯織線數目相同者較為適當。
（○ct・○目／1cm）

布目規格表

	目	Count（ct／1吋）	公分（1cm單位）	公分（10cm單位）
粗	粗目	（6ct）	2.5目／1cm	25目／10cm
↑	中目	（9ct）	3.5目／1cm	35目／10cm
	—	11ct	4目／1cm	40目／10cm
	細目	—	4.5目／1cm	45目／10cm
	55	14ct	5.5目／1cm	55目／10cm
	—	16ct	6目／1cm	60目／10cm
	—	18ct	7目／1cm	70目／10cm
	—	25ct	10目／1cm	100目／10cm
↓	—	28ct	11目／1cm	110目／10cm
細	—	32ct	12目／1cm	120目／10cm

※目的大小是採用（株）LECIEN的規格，吋的單位部分是採用DMC（株）的規格。
依據品牌的不同，布的名稱或目數也會有所差異，買布的時候請向店家確認。

如果遇到這種情況…想製作十字繡，布目卻無法計算時，可利用可拆式轉繡網布。

法國刺繡	基本上，許多布都可以製作。建議使用織目緊密的薄平織麻布，較為容易製作刺繡。絨布質地或太厚的布料，以及有彈性的布料、刷毛的布料都不適合刺繡。

○布的直橫・正反

為防止作品變形，請以直布紋的方向製作。購買時若附有布邊，則布邊的方向為直布紋；如果沒有布邊，請以直橫方向拉拉看，無法伸縮的方向就是直布紋。在素色的平織布上進行刺繡，不用特意在意布的正反面。

有布邊

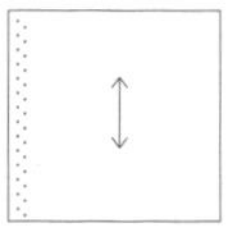

沒有布邊

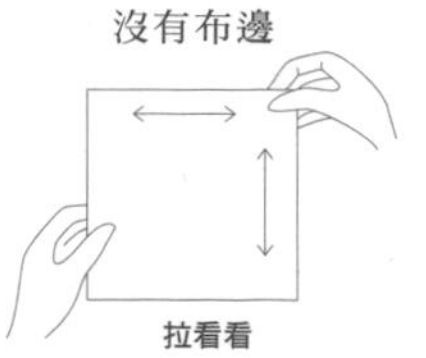

拉看看

1 刺繡的開始&結束

縱向藏線時

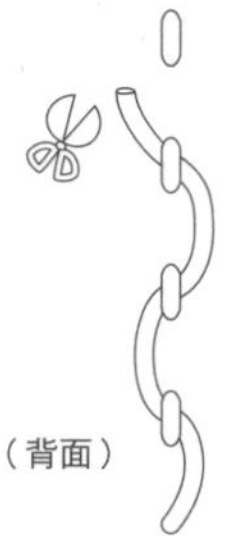

橫向藏線時

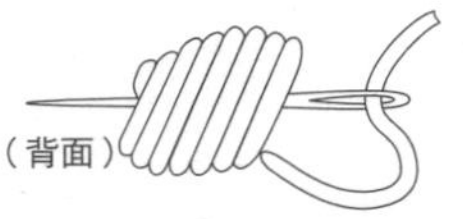

基本上，刺繡不打結。開始刺繡時，要先預留繡針兩倍長的線段，刺繡結束後，再將針線穿過背面針目的下方進行處理。刺繡結束後也一樣不打結，依圖示方法處理。若是覺得困難也可以打結，但必須先在背面將線穿好後再剪斷，最好能學會讓背面看起來也漂亮的正確方法。

2 關於繡針

○針の種類

雖然想一次備齊，但最先需具備的是十字繡針與法國刺繡針。各有不同的用途。

十字繡針

針頭經加工呈圓形，用於十字繡等這類粗平織布的刺繡。在製作法國刺繡失敗，必須拆線時，使用十字繡針處理使不易破壞繡線。

法國刺繡針

針頭尖，製作法國刺繡時使用。

還有其他種類喔！	如緞帶刺繡針或瑞典刺繡針，根據用途或品牌的不同，種類也非常多樣，請多試試，並從中找出喜愛的針。

○繡針的號數&繡線的股數

圖表為參考基準。根據布料的厚薄也會影響刺繡的難易，實際繡繡看，再選擇自己覺得順手的針。

繡針		繡線	
法國刺繡針	十字繡針	25號繡線	花繡線
3號	19號	6股	3股（亞麻布18ct）
3・4號	19・20號	5・6股	
5・6號	21號	4股	2股（亞麻布25ct）
	22號	3股	
7～10號	23號	2股	—
	24號	1股	1股

※繡針號數採CLOVER（株）之規格，品牌不同，針孔大小也會有所差異。
※花線通常以布目的大小選擇針。

基礎指導＝公益財團法人 日本手芸普及協会

BASICS 刺繡基礎

※作法圖中有關尺寸的數字，無特別說明則替為cm。

1 關於圖案

共用部分 本書圖案記號的意義 ※○內的數字代表繡線的股數

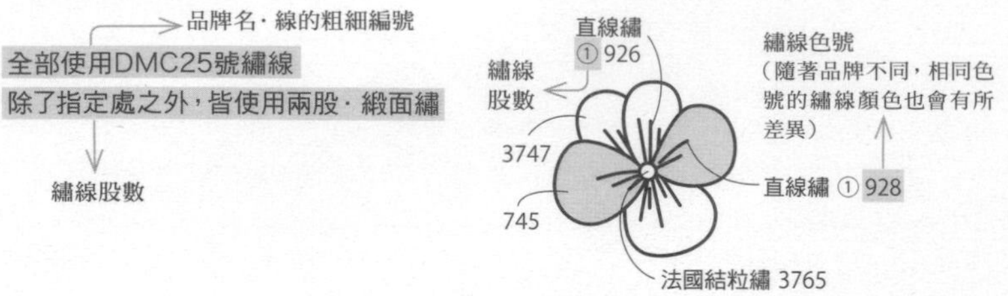

品牌名・線的粗細編號
全部使用DMC25號繡線
除了指定處之外，皆使用兩股・緞面繡
繡線股數
直線繡
① 926
繡線
股數
3747
745
繡線色號
（隨著品牌不同，相同色號的繡線顏色也會有所差異）
直線繡 ① 928
法國結粒繡 3765

十字繡 十字繡不需要描圖。圖案是以不同顏色作記號區分，一格以一目計算。織目較粗的布（如十字繡用布等）以一織目為一目；織目較細的布（如亞麻布）則是以經緯線2×2股（目）當作一目刺繡。

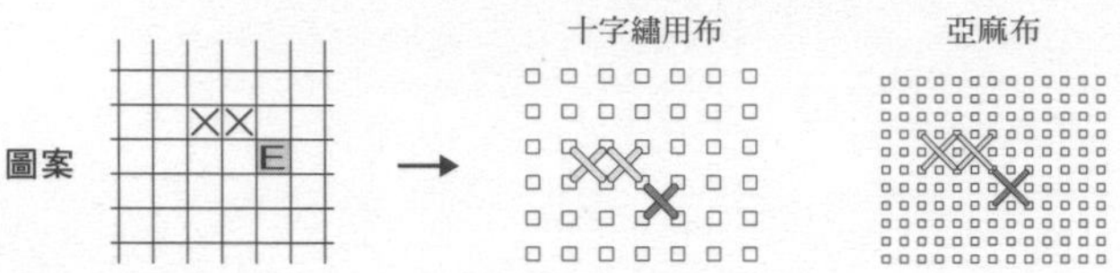

十字繡用布
亞麻布
圖案
E

〈使用亞麻布製作十字繡時，將2×2目作為一目的記號〉

1 over 1（全針繡）

1／4格份大小的記號，
表示以亞麻布1×1為一目計算。

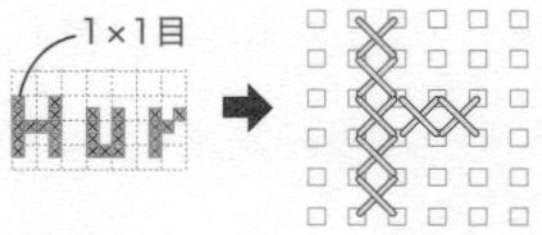

1×1目
Hur

〈十字繡完成尺寸〉

根據布目的大小，十字繡成品的尺寸也會有所不同，如果以手邊現有的布來刺繡，請先計算過成品尺寸以確認布料是否足夠。

3/4 Stitch（3／4針繡）

在／與＼之間，每一個十字繡的其中一線皆是以2×2目的中心為入針處，為一單位作3／4繡。

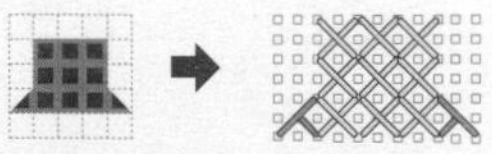

刺繡作品完成尺寸的算法

使用織目為「○目／10cm」的布料時

刺繡成品尺寸的算法（cm）＝圖案的目數÷○目x10cm

使用「○ct」的布料時

刺繡成品尺寸的算法（cm）＝圖案的目數÷○ctx2.54cm

※繡布及繡線在刺繡實際完成後，因為變形等因素其大小也會有所不同。

小巾刺繡・挪威抽紗繡・直線繡

將圖案的方格視作織線。
進行刺繡時，
請確認跨過的織線數目。

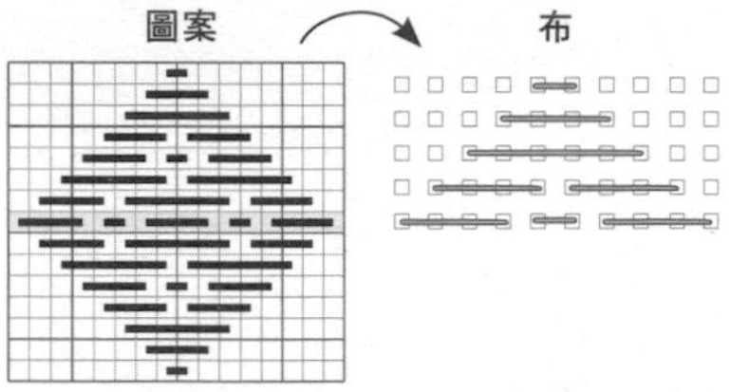

圖案
布

法國刺繡 在繡布描上圖案，沿著圖案線條刺繡。

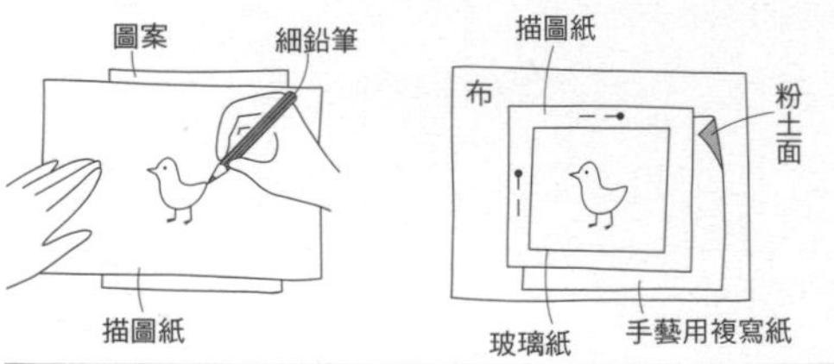

圖案
細鉛筆
描圖紙
描圖紙
布
粉土面
玻璃紙
手藝用複寫紙

1.在圖案上放置描圖紙，以細鉛筆描繪圖案。
2.在布料上方將描圖紙以珠針固定，中間夾入手藝用複寫紙。最上方放玻璃紙，以手藝用鐵筆描出圖案。

Point

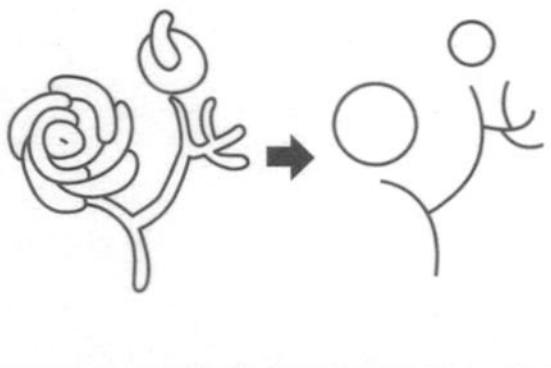

・描繪圖案前先噴水，再以熨斗整燙布紋。
・圖案沿著經線、緯線配置。
・中途不要翻動，一次畫完。
・若是描圖的顏色過深會把布弄髒或殘留痕跡，顏色太淺記號則可能會在中途消失。請先在不醒目的布邊試畫，找出剛剛好的筆觸力道。
・請以最簡略的方式描繪圖案，避免露出記號或殘留痕跡。

4 關於繡線

○繡線種類 25號繡線是最常被使用的。以一束＝一捲計算，一般來說，一捲的長度是八公尺。依據Anchor、Olympus、COSMO、DMC等品牌的不同，繡線色號也不同。

花線是100%純棉無光澤的繡線，入手稍困難，可以25號繡線兩股為基準來代替使用（隨品牌不同粗細多多少少有所差異），質樸又有深度的自然色系十分受到歡迎。

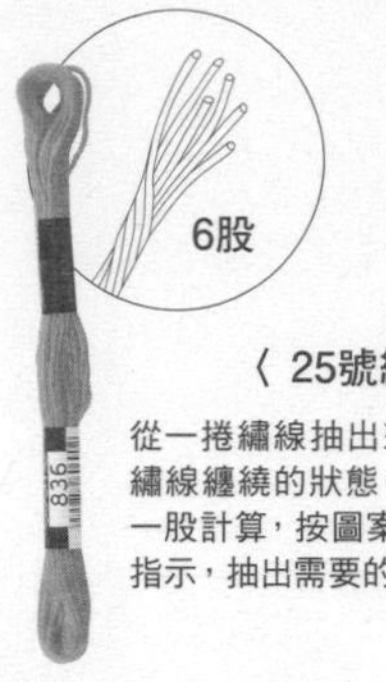

6股
836

〈 25號繡線 〉

從一捲繡線抽出來之後，為六股繡線纏繞的狀態。將細線每條以一股計算，按圖案標示的「○股」指示，抽出需要的股數使用。

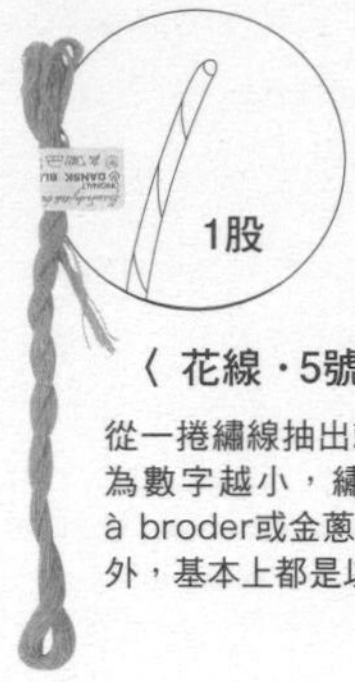

1股

〈 花線・5號繡線・8號繡線 〉

從一捲繡線抽出就是一股，繡線的粗細為數字越小，繡線就越粗。其他像是à broder或金蔥繡線，除了25號繡線之外，基本上都是以相同的方式計算。

5 25號繡線的處理方式

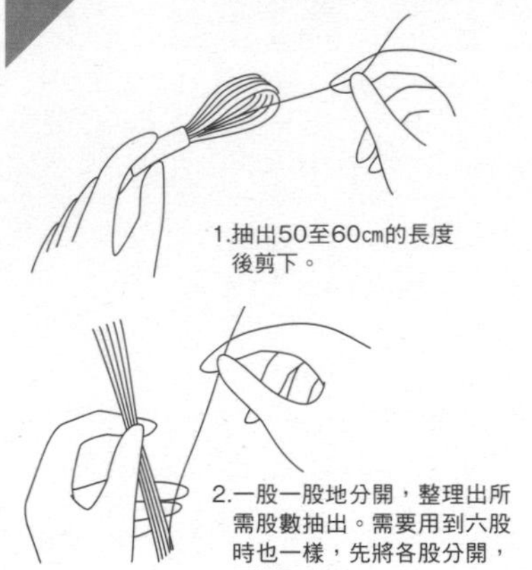

1.抽出50至60cm的長度後剪下。

2.一股一股地分開，整理出所需股數抽出。需要用到六股時也一樣，先將各股分開，再抽取使用。

Point

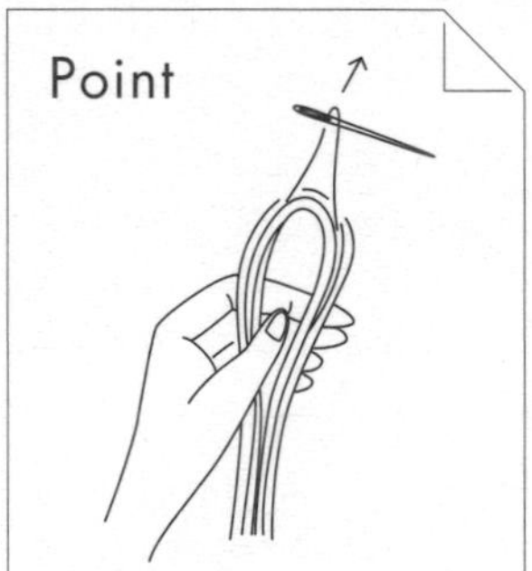

如圖將繡線輕輕對摺，以針尾把要使用的繡線一股一股地挑起，比較不會纏在一起。

6 關於整燙

掌握整燙的方法，作品美感可瞬間加分，請注意力道，避免破壞刺繡的立體感。

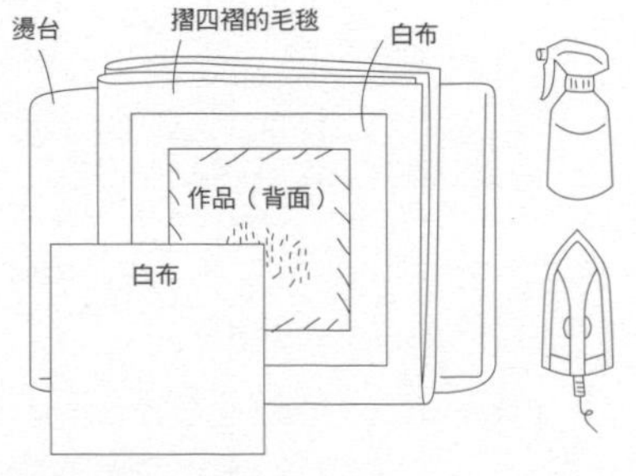

燙台
摺四摺的毛毯
白布
作品（背面）
白布

準備工具＆材料

熨斗（使用乾式）／燙台／噴水器／
毛毯（可以毛巾代替）／乾淨的白布兩條

1.依照圖示順序疊上，從作品背面噴水。
2.將白布覆蓋在作品上，注意熨燙時不要使作品變形。
3.使用熨斗的前端，熨燙刺繡品周圍。
4.將作品翻回正面，以白布覆蓋後，再輕輕熨燙。

Point

・要在圖案線消失後熨燙，有的手藝用複寫紙或描圖筆，屬於遇熱則痕跡無法消除的類型，需特別注意。

・要裝框等需要平整的作品時，可從作品背面噴上熨燙專用的膠。

・不要直接熨燙作品，蓋上白布可防止作品燒焦。

・有的繡線遇熱會褪色，請注意。

刺繡作品簡易裱裝法

裱框

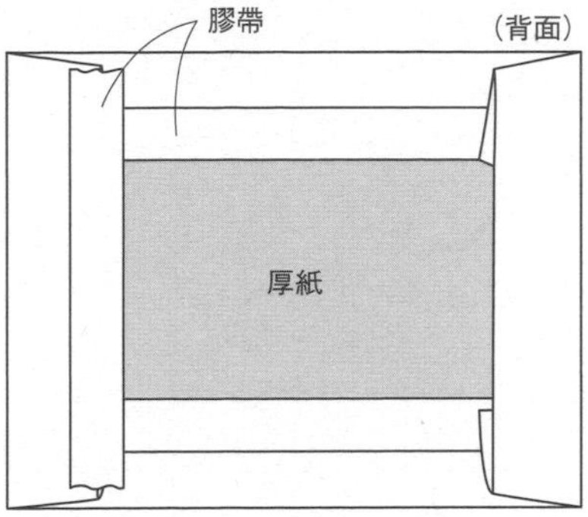

膠帶
（背面）
厚紙

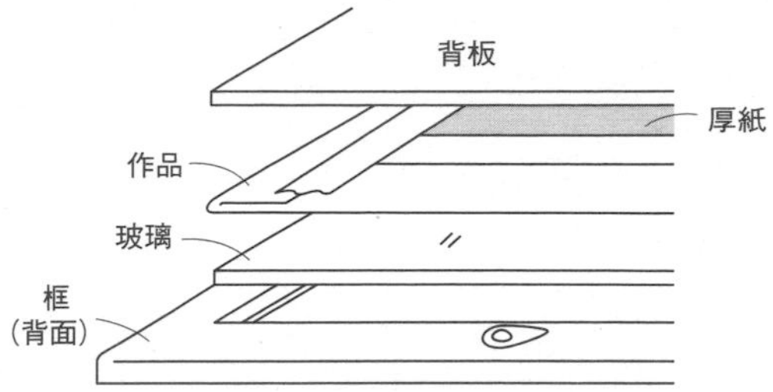

背板
厚紙
作品
玻璃
框
（背面）

1 作品熨燙整理後，從正面確認是否放正，在背面以膠帶固定。將整個作品翻至背面，摺起四邊拉緊撐起作品後，布邊以膠帶固定。

2 以上圖的順序裝訂，依照喜好在玻璃與刺繡作品間放入無光澤紙，不放玻璃也ok！

Point

- 熨燙作品時應從布的背面熨燙，使用熨燙用噴霧膠效果更佳。
- 從背面固定時，以上下→左右的順序固定較不易移位。

刺繡框畫

1

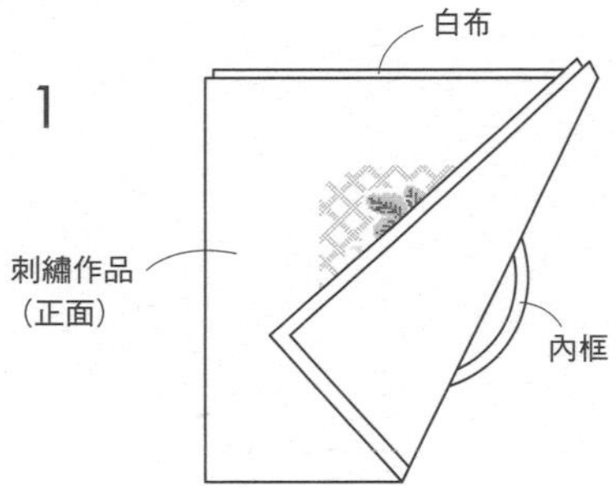

白布
刺繡作品
（正面）
內框

以內框、白布、作品的順序重疊

2

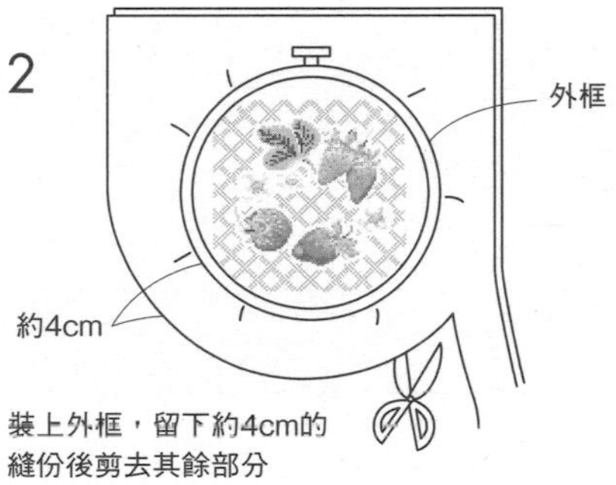

外框
約4cm

裝上外框，留下約4cm的縫份後剪去其餘部分

3

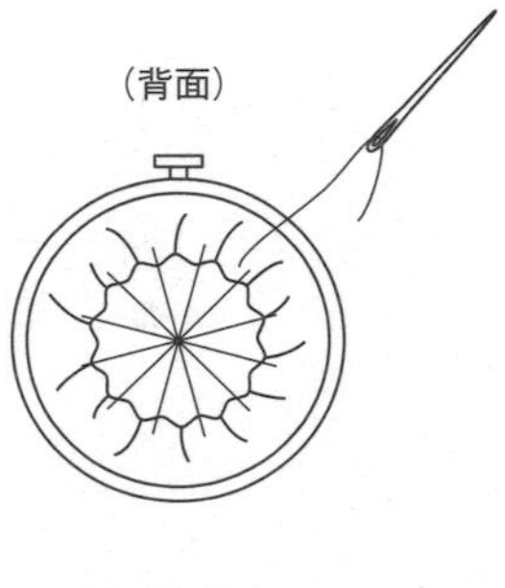

（背面）

在裡側將縫份縫合

版裝

1

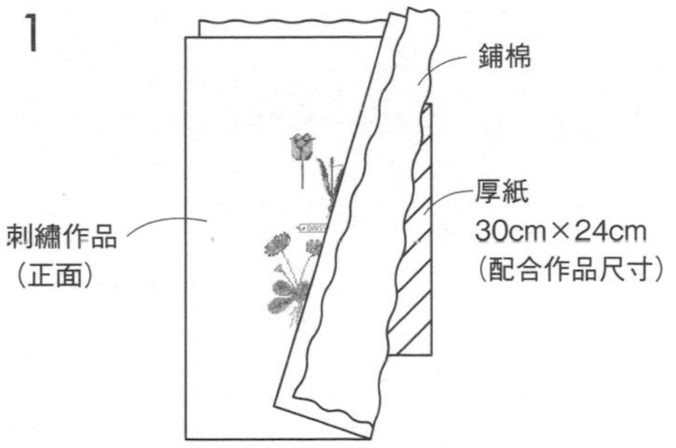

鋪棉
厚紙
30cm×24cm
（配合作品尺寸）
刺繡作品
（正面）

以厚紙、鋪棉、作品的順序重疊

2

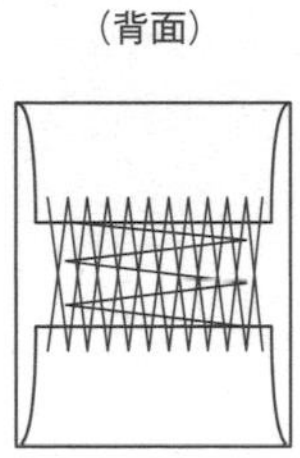

（背面）

包起厚紙在背面縫合

長條亞麻繡布掛軸・繡帷

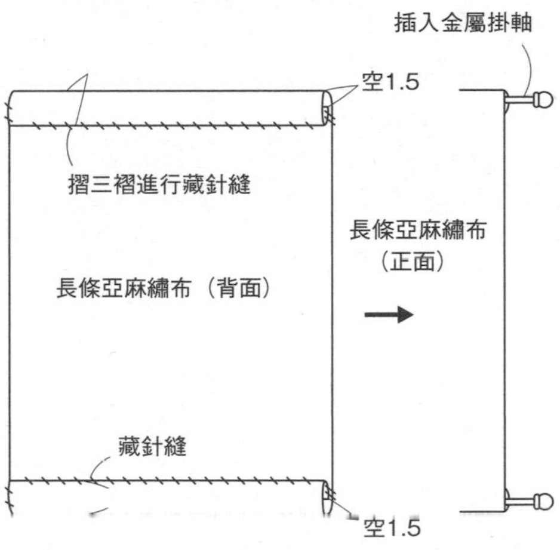

插入金屬掛軸
空1.5
摺三褶進行藏針縫
長條亞麻繡布（背面）
長條亞麻繡布
（正面）
藏針縫
空1.5

流蘇作法

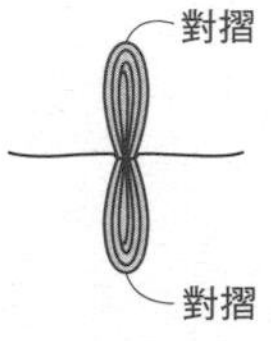

對摺
對摺

1 將繡線捲成一束，中間以別條線綁緊，並繞至另一端再打一次結。

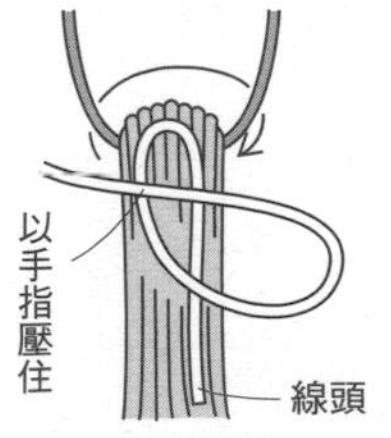

以手指壓住
線頭

2 將繡線穿過作為掛繩的線並對摺，將打結處藏起來。

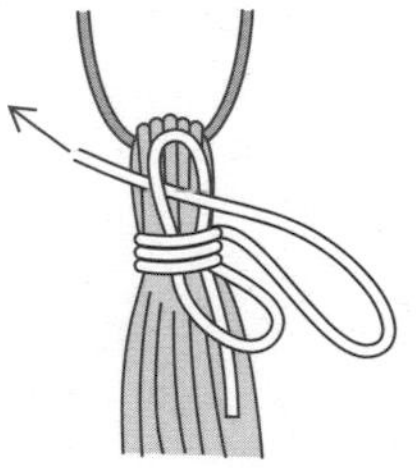

3 取另一條線作一個圓圈，緊緊地繞4至5圈。

4 從圓圈上方穿過線頭。

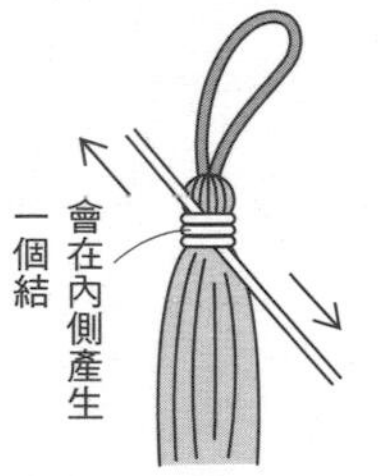

會在內側產生一個結

5 將線的兩端往上下反向拉後，儘量將兩側線頭剪短。

6 修剪成想要的長度。

本書介紹繡法

直針繡
Straight Stitch

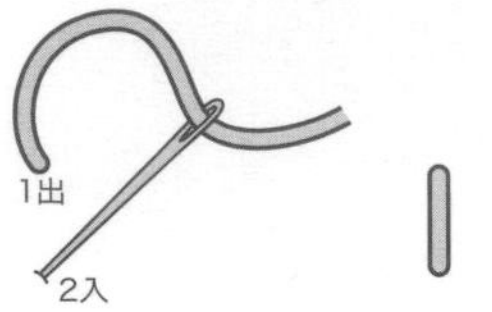

1出
2入

平針繡
Running Stitch

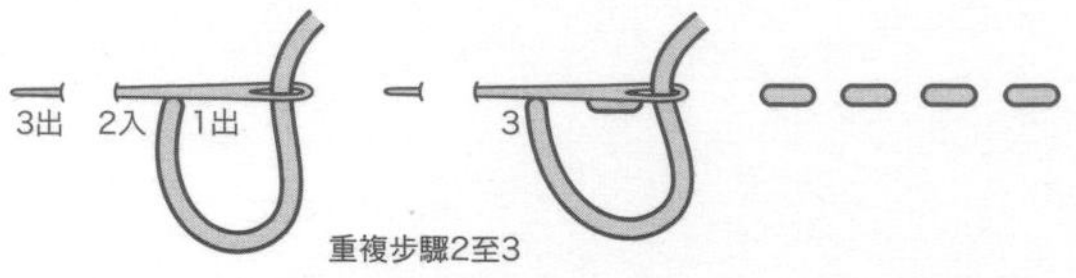

3出
2入
1出
3
重複步驟2至3

釘線繡
Couching Stitch

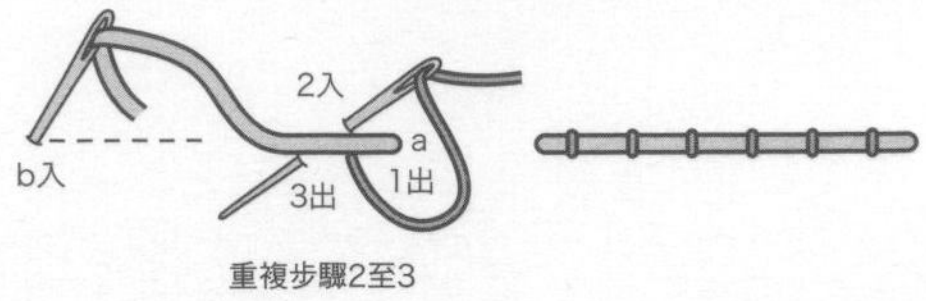

2入
a
b入
3出
1出
重複步驟2至3

回針繡
Back Stitch

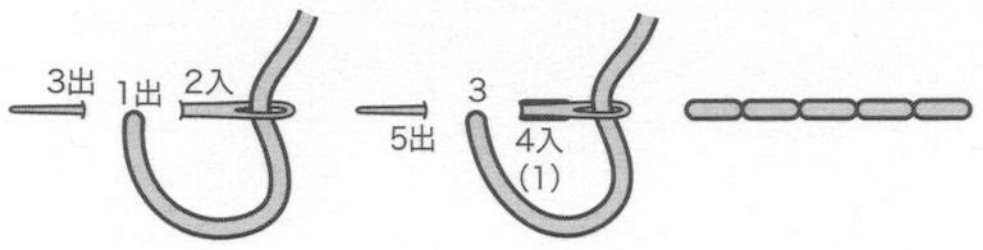

3出
1出
2入
5出
3
4入
(1)

輪廓繡
Outline Stitch

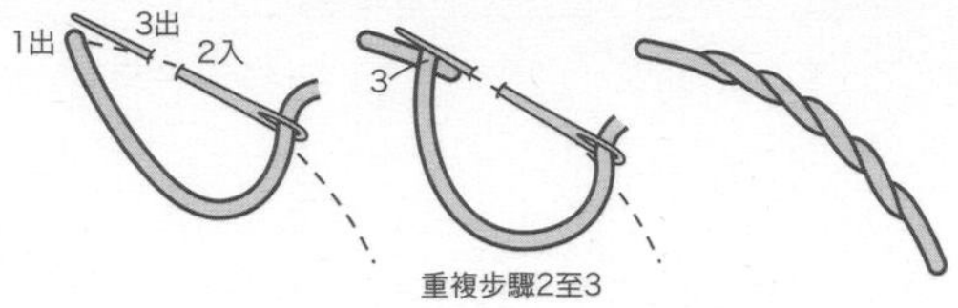

1出
3出
2入
3
重複步驟2至3

鎖鍊繡
Chain Stitch

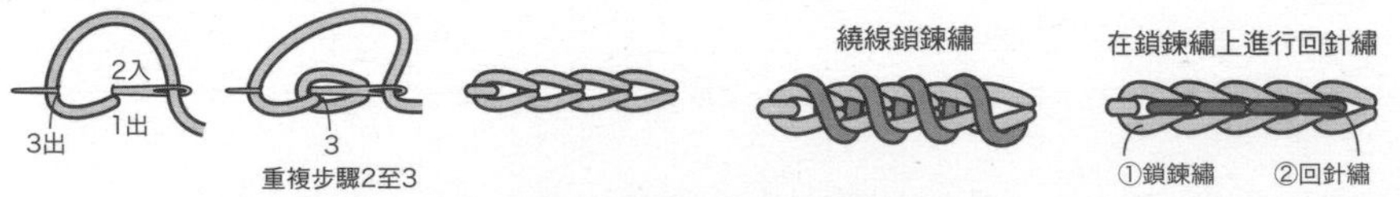

2入
3出
1出
3
重複步驟2至3
繞線鎖鍊繡
在鎖鍊繡上進行回針繡
①鎖鍊繡
②回針繡

扭轉鎖鍊繡
Twisted Chain Stitch

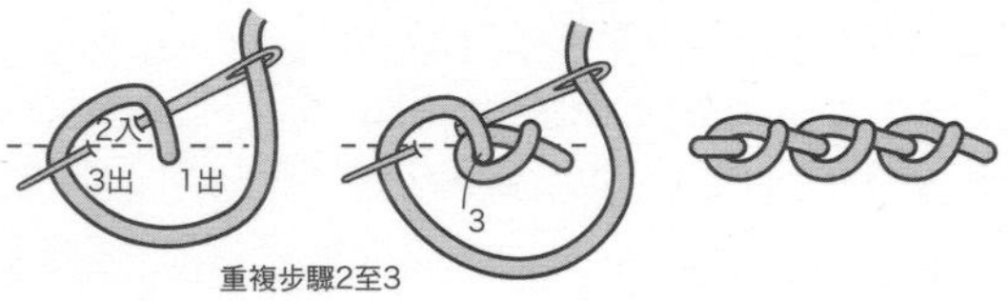

2入
3出
1出
3
重複步驟2至3

雛菊繡
Lazy Daisy Stitch

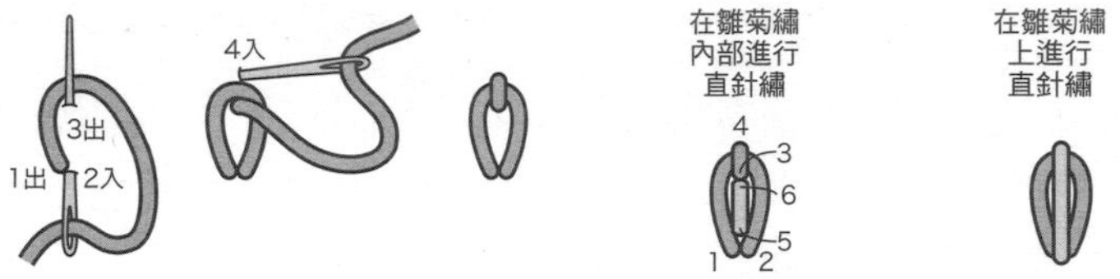

3出
1出
2入
4入
在雛菊繡
內部進行
直針繡
4
3
6
5
1
2
在雛菊繡
上進行
直針繡

裂線繡（2股線的作法）
Split Stitch

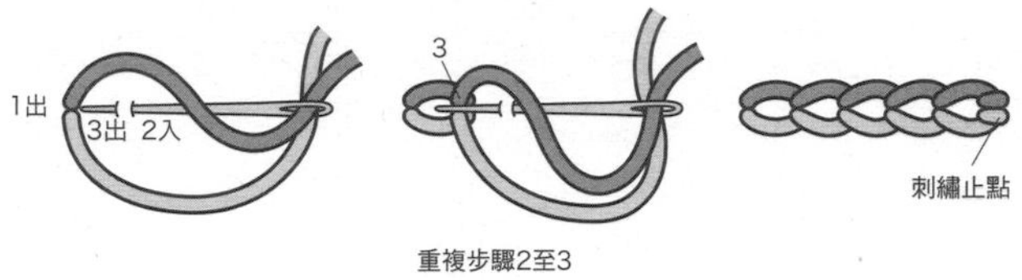

1出
3出
2入
3
重複步驟2至3
刺繡止點

十字繡
Cross Stitch

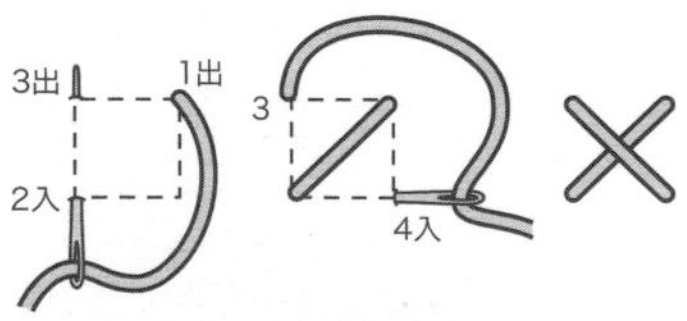

3出
1出
2入
3
4入

飛行繡
Fly Stitch

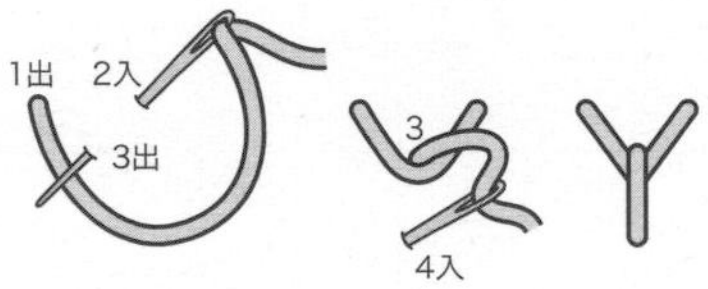

1出
2入
3出
3
4入

法式結粒繡（捲2次）
French Knot Stitch

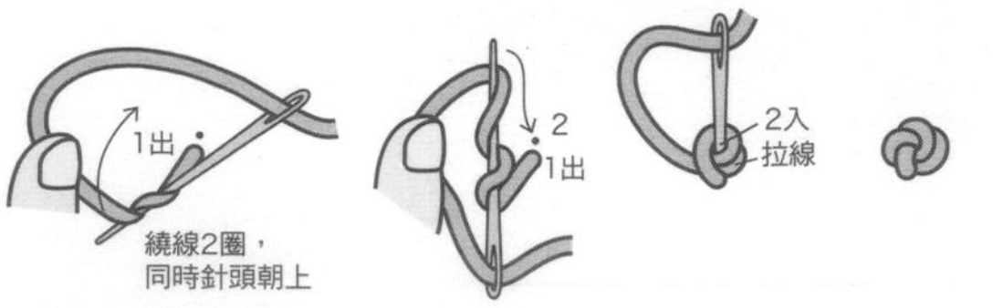

1出
繞線2圈，
同時針頭朝上
2
1出
2入
拉線

德國結粒繡
German Knot Stitch

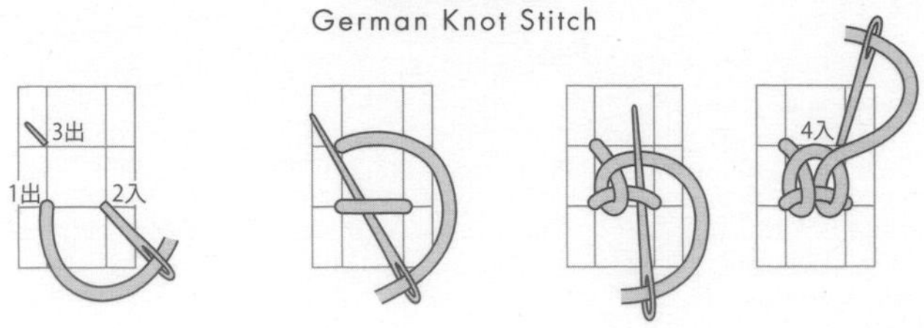

3出
1出
2入
4入

捲線繡
Bullion Stitch

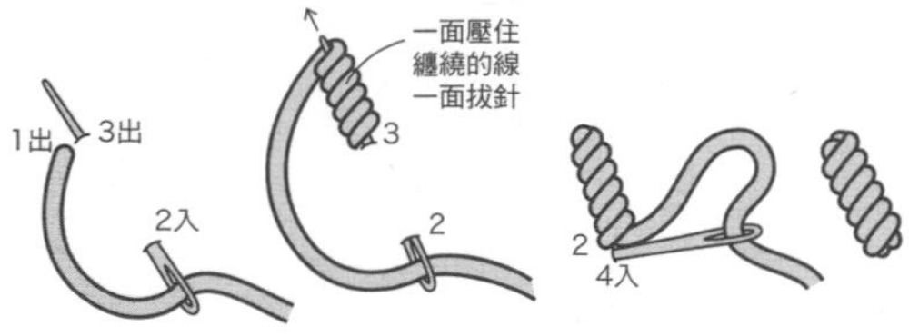

1出
3出
2入
一面壓住
纏繞的線
一面拔針
3
2
2
4入

七寶捲線繡
Loop

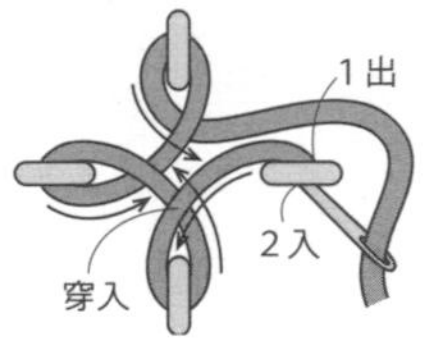

1出
2入
穿入

蛛網繡
Spiderweb Stitch

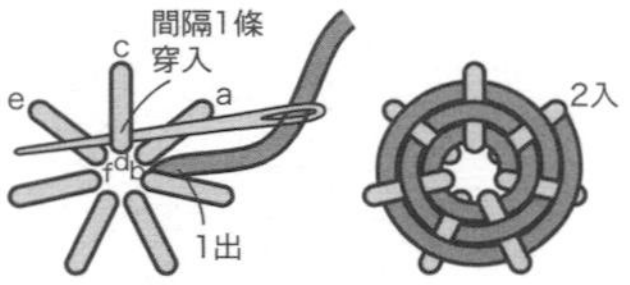

間隔1條
穿入
c
e
a
d
f
b
1出
2入

※繡奇數條芯線

釦眼繡・毛邊繡
Buttonhole Stitch・Blanket Stitch

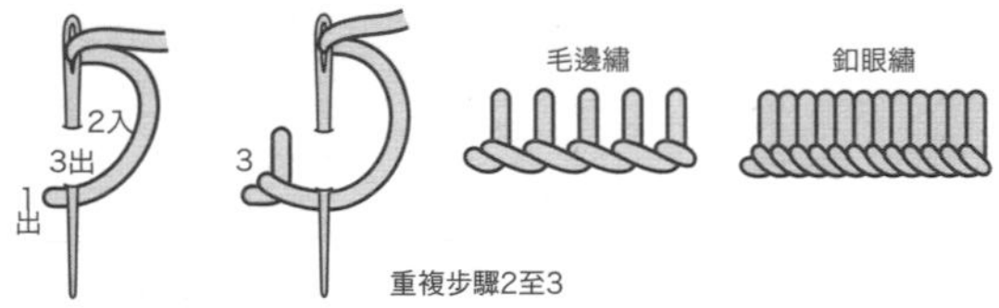

2入
3出
1出
3
毛邊繡
釦眼繡
重複步驟2至3

環狀釦眼繡
Circle Buttonhole Stitch

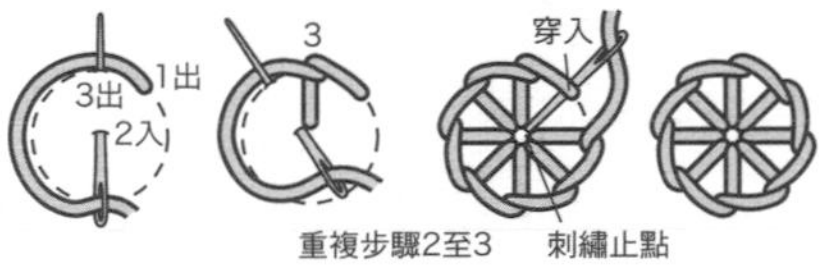

3出
1出
2入
3
穿入
重複步驟2至3
刺繡止點

人字繡
Herringbone Stitch

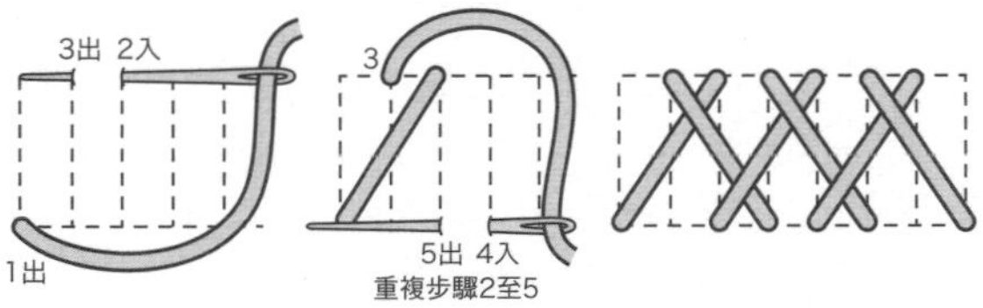

3出
2入
1出
3
5出
4入
重複步驟2至5

羽毛繡
Feather Stitch

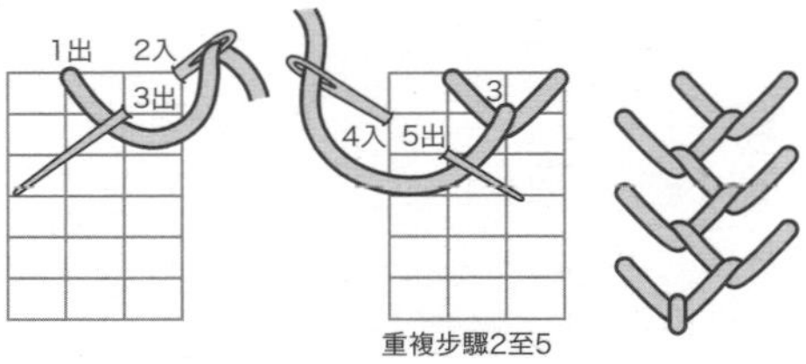

1出
2入
3出
3
4入
5出
重複步驟2至5

緞面繡
Satin Stitch

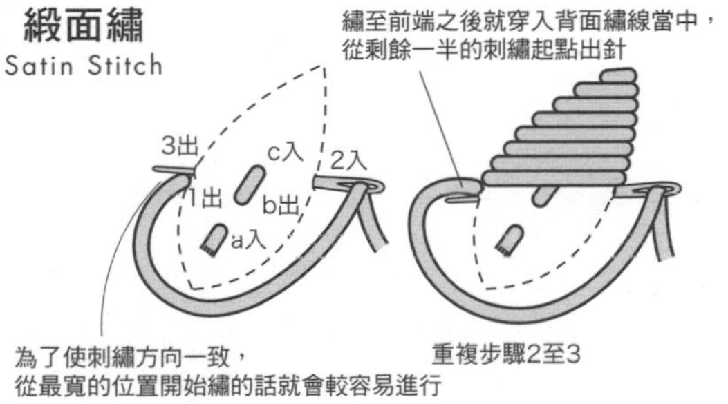

繡至前端之後就穿入背面繡線當中，
從剩餘一半的刺繡起點出針
3出
c入
2入
1出
b出
a入
為了使刺繡方向一致，
從最寬的位置開始繡的話就會較容易進行
重複步驟2至3

長短針繡
Long & Short Stitch

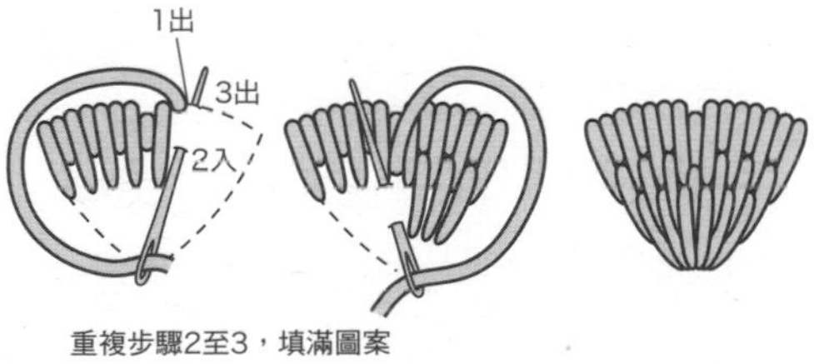

1出
3出
2入
重複步驟2至3，填滿圖案

魚骨繡
Fishbone Stitch

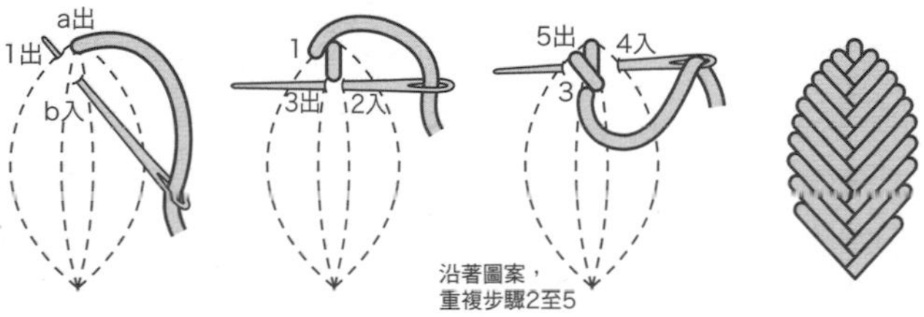

a出
1出
b入
1
3出
2入
5出
4入
3
沿著圖案，
重複步驟2至5

浮雕魚骨繡
Raised Fishbone Stitch

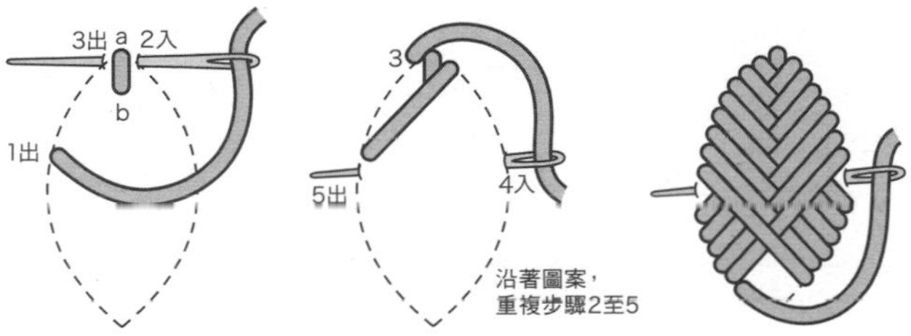

3出
a
2入
b
1出
3
5出
4入
沿著圖案，
重複步驟2至5

葉形繡
Leaf Stitch

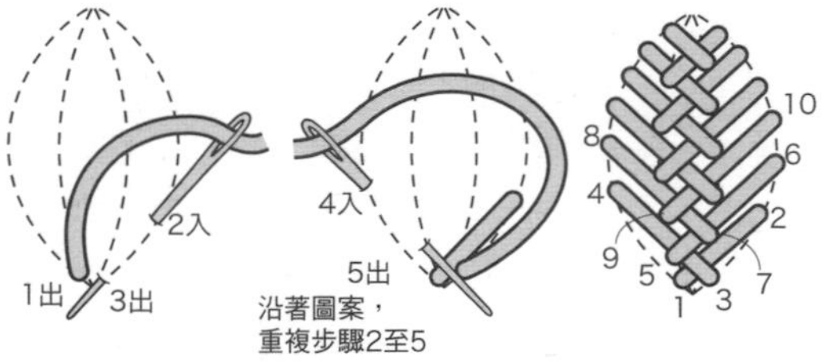

2入
1出
3出
4入
5出
沿著圖案，
重複步驟2至5
10
8
6
4
2
9
5
7
1
3

絨毛繡
Smyrna Stitch

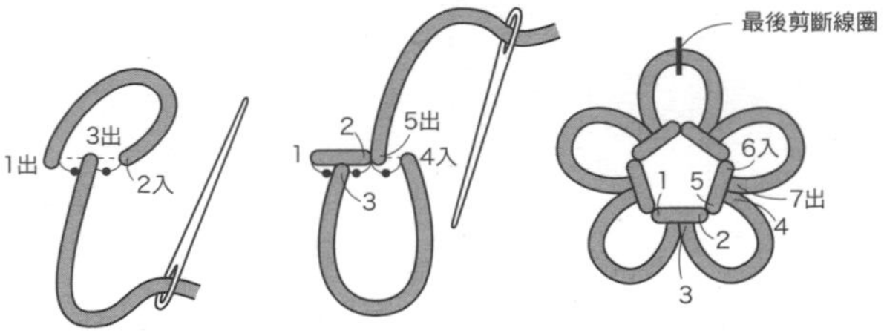

3出
1出
2入
2
5出
1
4入
3
最後剪斷線圈
6入
1
5
7出
4
2
3

小巾刺繡基礎繡法

以井字框為例，介紹小巾刺繡的要訣。

課程指導／鎌田久子

小巾刺繡的圖案（井字框）

・小巾刺繡的特徵是沿著中央段圖案上下呈現對稱。

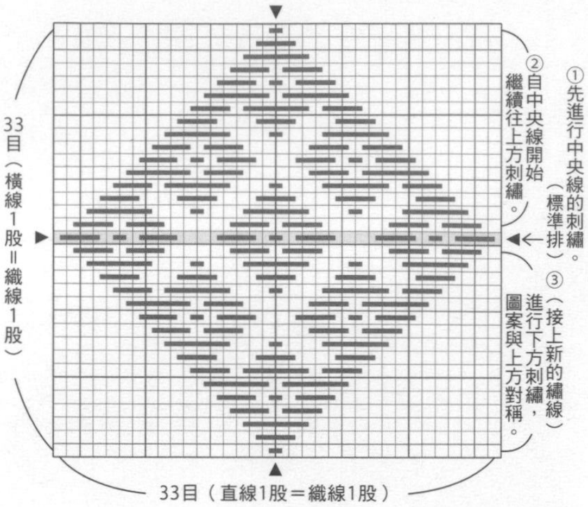

33目（橫線1股＝織線1股）
①先進行中央線的刺繡（標準排）。
②自中央線開始繼續往上方刺繡。
③（接上新的繡線）進行下方刺繡，圖案與上方對稱。
33目（直線1股＝織線1股）

（正面）

（背面）

小巾刺繡的布與針

・對於需細數布目刺繡的小巾刺繡而言，需使用平織布。
圖案配合直線布目進行刺繡。

・為了不破壞織線，使用針頭圓潤的繡針。
雖可以十字繡針取代，但小巾刺繡針長度較長，使用起來較順手。

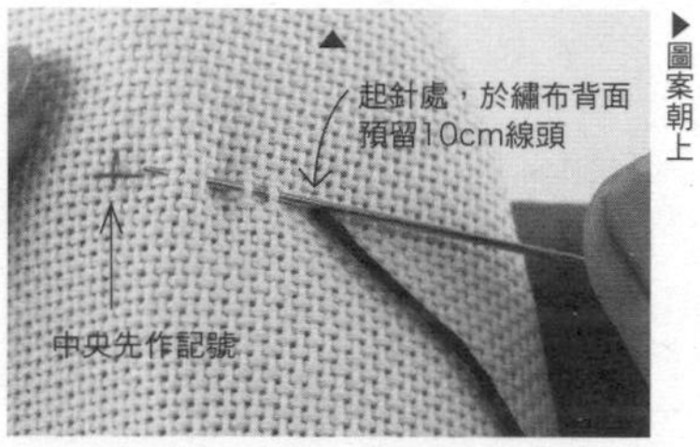

起針處，於繡布背面預留10cm線頭
中央先作記號
▶圖案朝上

1 自橫線中央排開始刺繡，從中央計算目數出針，依照圖案挑起數針刺繡。

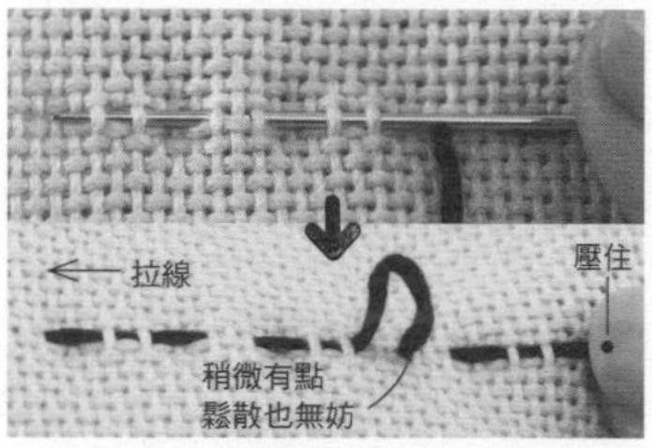

拉線
壓住
稍微有點鬆散也無妨

2 有點不好挑針時，將針拔起也ok，右手緊壓針目後拉線。

小巾刺繡的重點「糸KOKI」

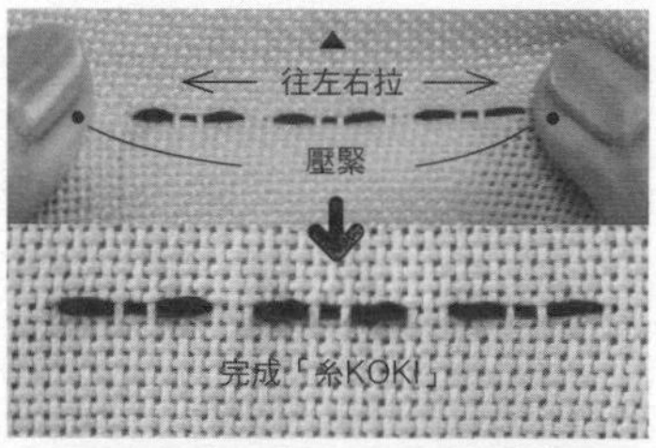

往左右拉
壓緊
完成「糸KOKI」

3 習慣後便逐次將第一排每一目挑起、刺繡。中央橫排稱作「目立（標準排）」，為全體的基準。起繡一側以右手將最初的針目與布一起壓緊，完繡處以左手抓住針目向左至布的最左側，將繡布向左右拉扯，每完成一條「糸KOKI」就反轉繡布，可使繡完易擠在一起的繡線針目排列整齊。

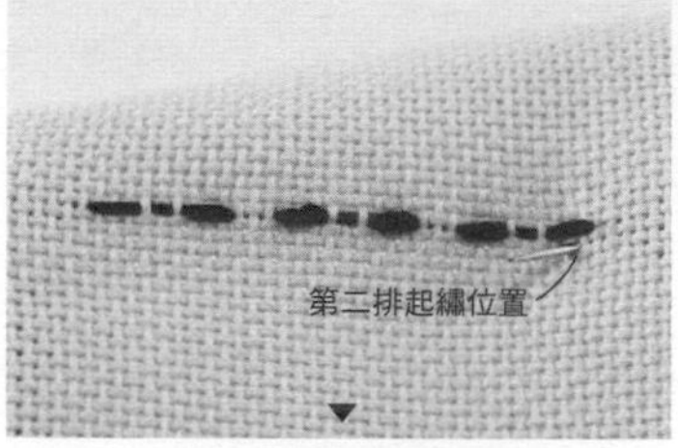

第二排起繡位置

4 首先先繡上半部。基本上皆由右向左繡，第2排將布反過來繡。

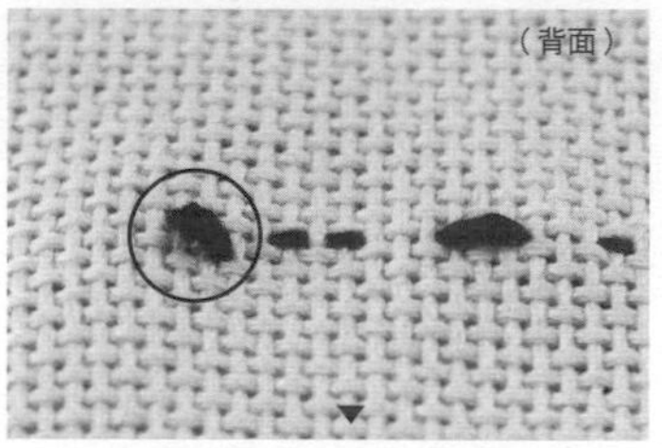

（背面）

5 在背面第一排過渡至第二排的繡線，不拉到底，預留一些空間。

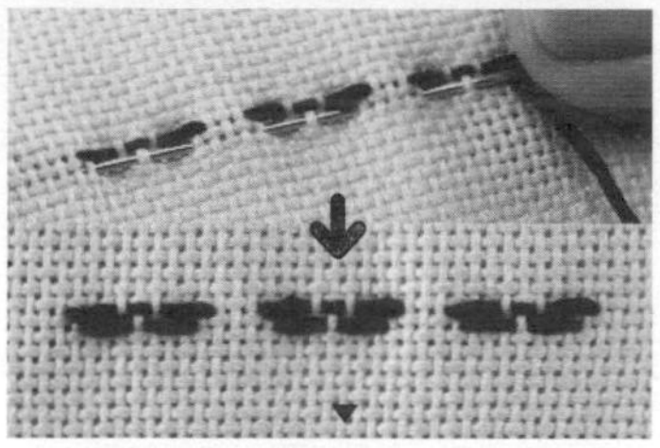

6 與2・3相同依據圖案挑針、刺繡，完成「糸KOKI」。

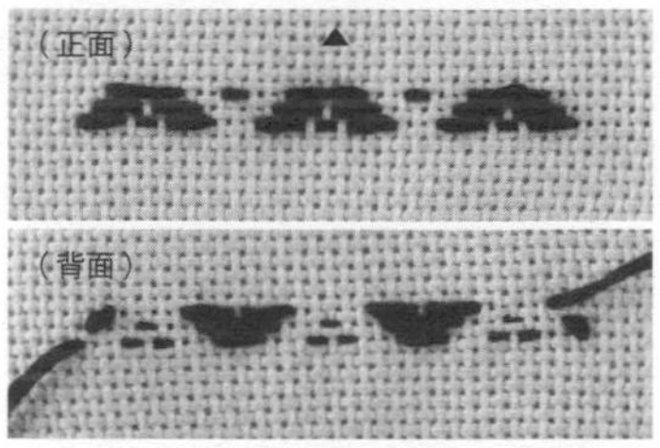

（正面）
（背面）

7 再下一段再將布反轉一次，與4至6相同方法由右向左繡，重複此步驟。

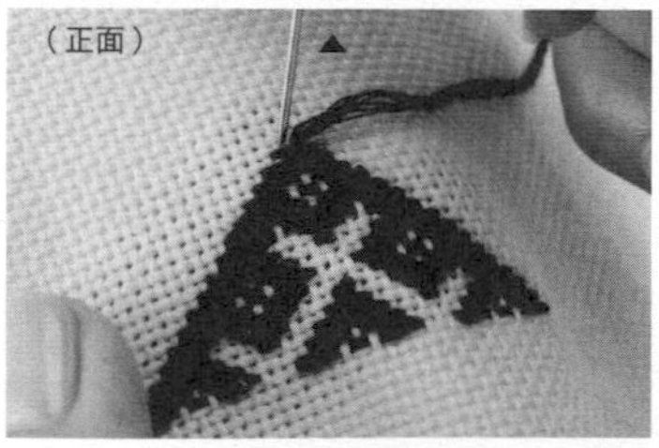

（正面）

8 圖案最上面一目不需挑針，出針後再入針即可。

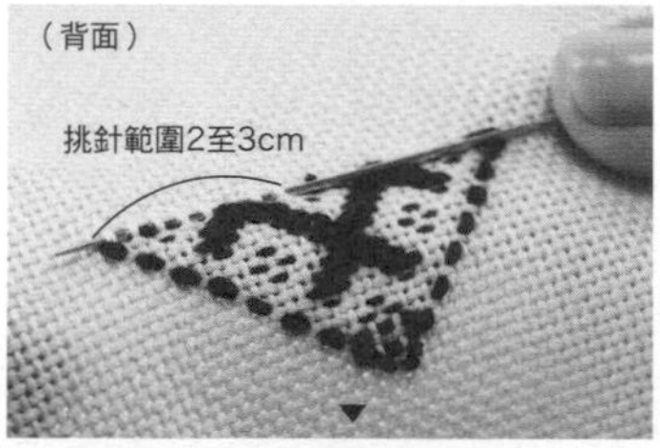

（背面）
挑針範圍2至3cm

9 繡圖案下半部時加上新線，一開始先挑背面尚未挑線的部分。

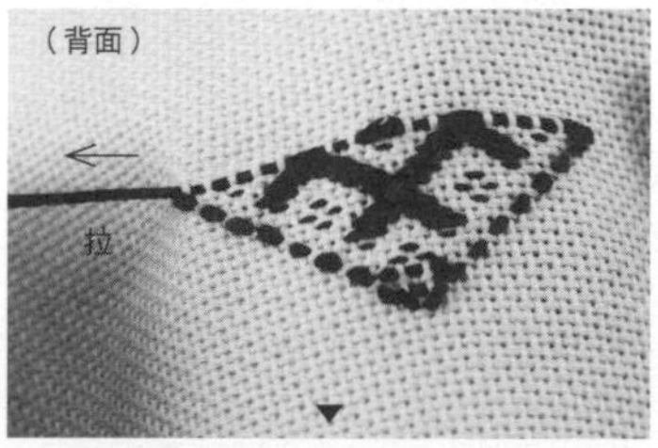

（背面）
拉

10 將線頭拉至布的邊緣，但拉太緊會拔不出來需留意。

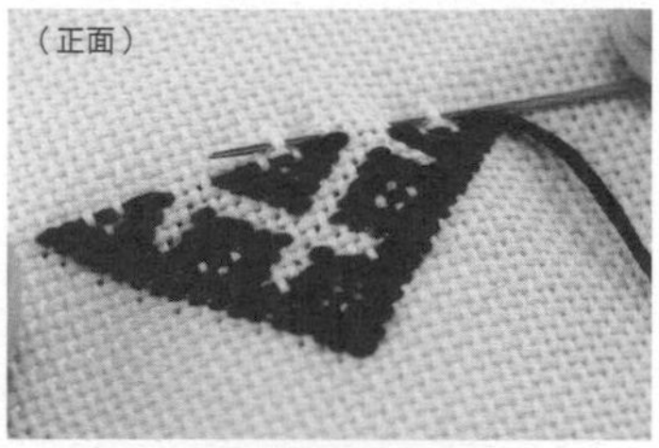

（正面）

11 與上半部相同，輪流反轉布的方向，依圖案挑針刺繡。

處理線頭的方法

在上述步驟8之後，
處理完成上半部刺繡的線頭。

1

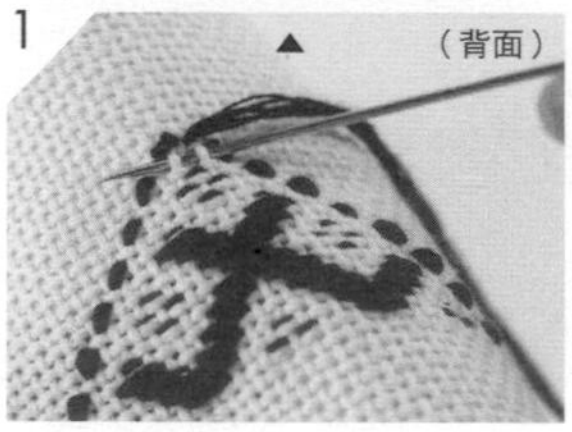

（背面）

繡至三角形頂點後，自背面由右至左挑起2至3目尚未穿過的線。

2

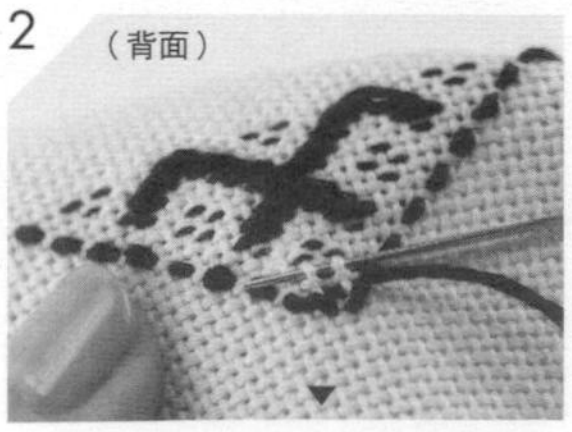

（背面）

將布反過來，同樣自下一排挑起2、3目的線並穿過，在布邊將線剪斷。

3

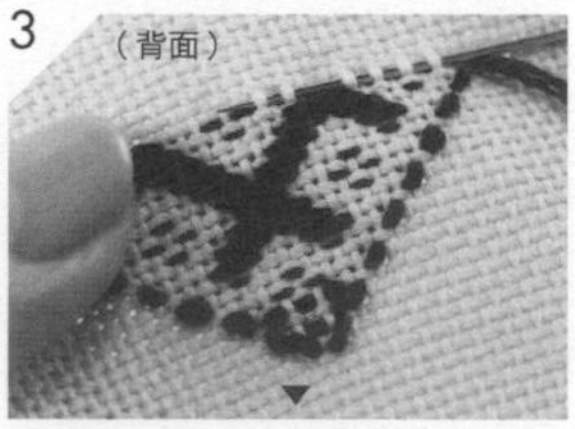

（背面）

起繡的線頭也作相同處理。挑起背面2至3cm未穿過線的部分作結尾。

4

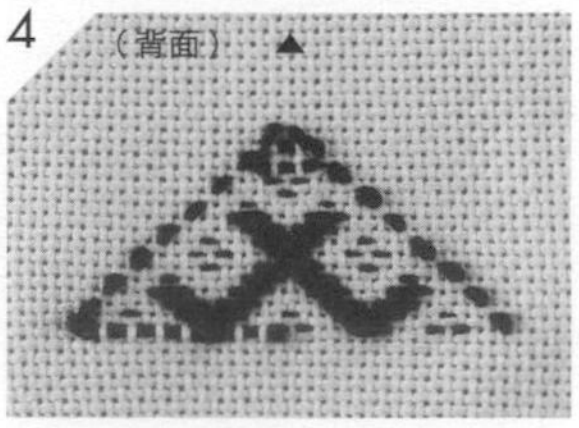

（背面）

完成線頭處理的樣子。

緞帶繡的基礎

緞帶的穿針方式

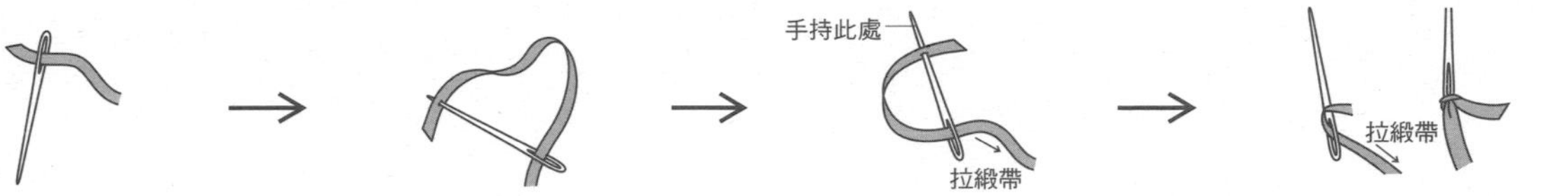

手持此處
拉緞帶
拉緞帶

先剪下約40cm的緞帶，
前端斜剪，
穿入繡針之中。

在穿入繡針的緞帶，
距離緞帶尖端處
1～2cm的位置入針。

手持繡針前端，
並拉住穿入針孔的緞帶

緞帶固定於針孔處

打結方式

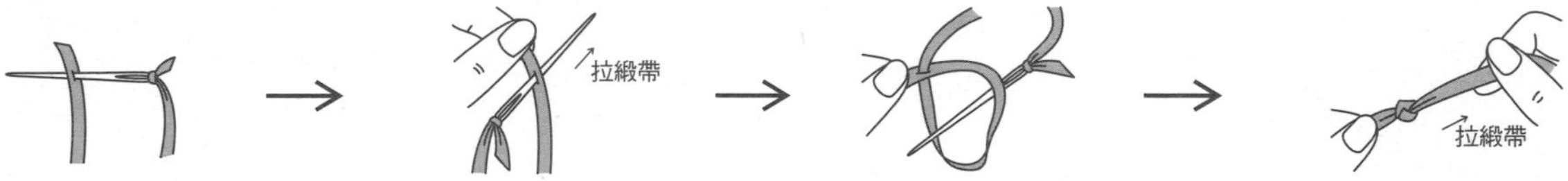

拉緞帶
拉緞帶

在距離緞帶尾端
1～2cm處入針。

手持緞帶末端，
將針穿入緞帶中。

將針穿入拔針所作出的
環圈之中。

直接拉緞帶打結。
輕輕壓住，小心避免
拉得過緊使結變小。

緞帶繡的繡法

雛菊繡

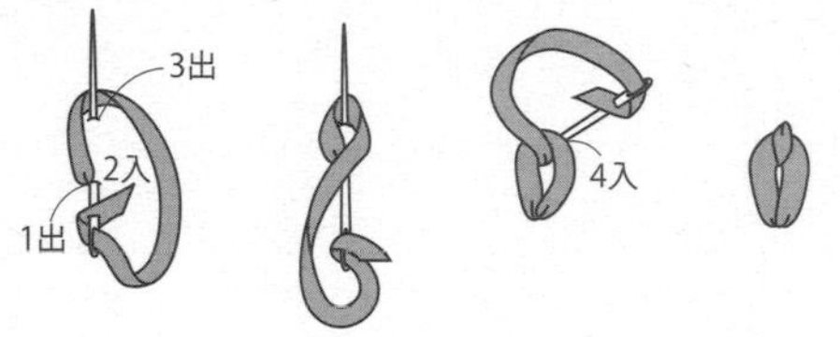

3出
2入
1出
4入

環狀繡

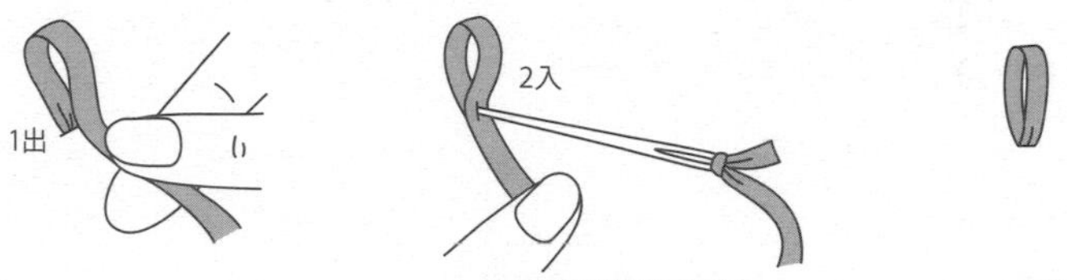

1出
2入

摺疊緞帶

重疊於起繡處的緞帶上，
以針一起穿入

完成

直針繡

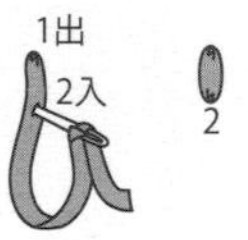

1出
2入
2

法式結粒繡

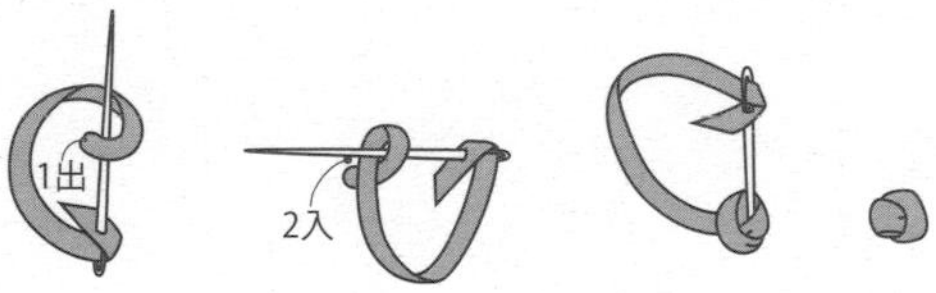

1出
2入

抽褶玫瑰繡

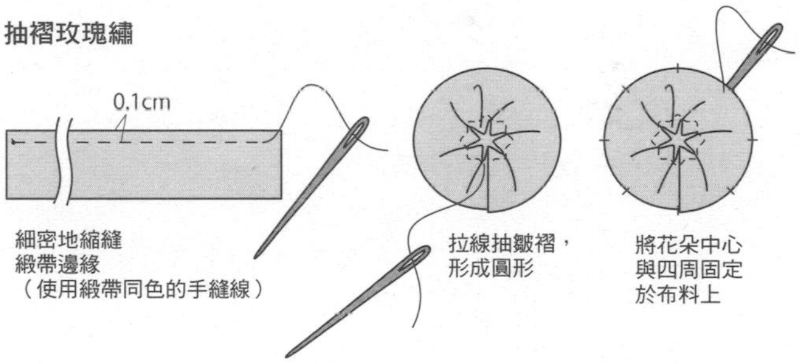

0.1cm

細密地縮縫
緞帶邊緣
（使用緞帶同色的手縫線）

拉線抽皺褶，
形成圓形

將花朵中心
與四周固定
於布料上

古典玫瑰繡

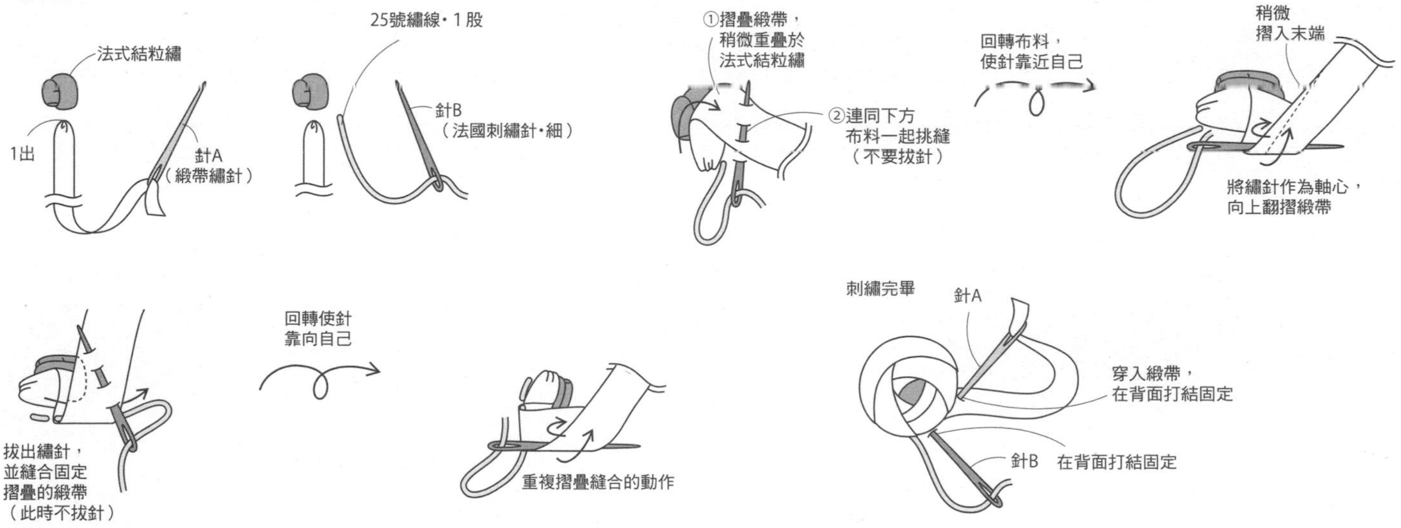

法式結粒繡
1出
針A
（緞帶繡針）
25號繡線・1股
針B
（法國刺繡針・細）
①摺疊緞帶，
稍微重疊於
法式結粒繡
②連同下方
布料一起挑縫
（不要拔針）
回轉布料，
使針靠近自己
稍微
摺入末端
將繡針作為軸心，
向上翻摺緞帶
拔出繡針，
並縫合固定
摺疊的緞帶
（此時不拔針）
回轉使針
靠向自己
重複摺疊縫合的動作
刺繡完畢
針A
穿入緞帶，
在背面打結固定
針B　在背面打結固定

全部皆為DMC 25號繡線3799・2股線（使用５束）DMC亞麻繡布28ct（11目／1 cm）米色（842）　※以２×２目為１目
圖案完成尺寸　約32.5×22.4cm

提把接合布的圖案
全部十字繡

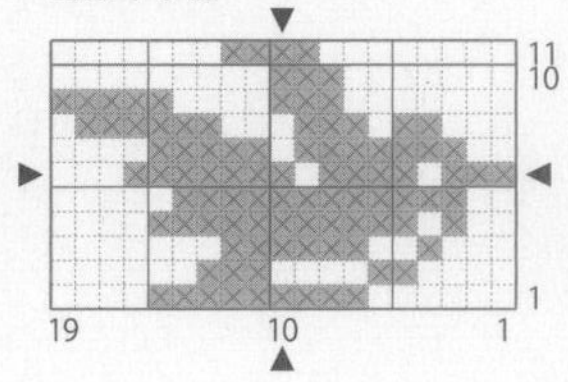

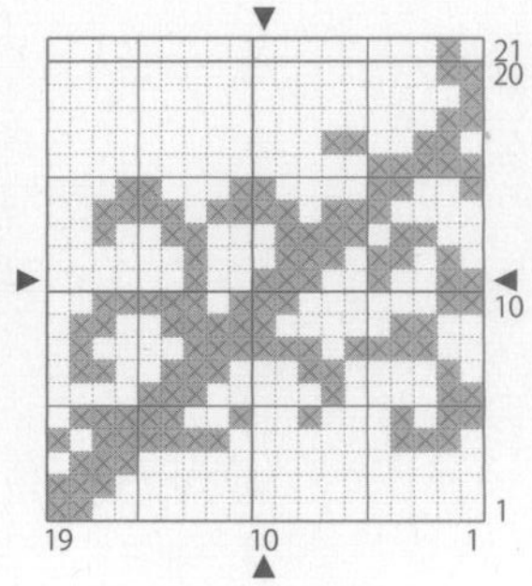

10 P.14

民族風刺繡托特包

圖案

10 P.14

民族風刺繡托特包

材料

DMC亞麻繡布28ct（11目／1cm）米色（842）45×40cm、灰色亞麻布80×130cm、單膠鋪棉・接著襯各100×60cm、長40cm附接環提把1組、DMC25號繡線3799適量

作法

1 在米色亞麻布上繡十字繡（前側・提把接合布前側）。
2 在前側・後側・2片側面的背面黏貼單膠鋪棉，正面相疊縫合。
3 在裡袋用的各裁片背面貼上接著襯，正面相疊縫合。
4 製作提把接合布，穿入提把接環。以疏縫暫時固定於2的前側・後側袋口。
5 將4和裡袋正面相對疊合，留下返口車縫袋口。翻至正面調整形狀，挑縫縫合返口。
6 車縫袋口。

★圖案 ››› P.104・P.105

前側（後側尺寸相同裡袋尺寸相同・2片）

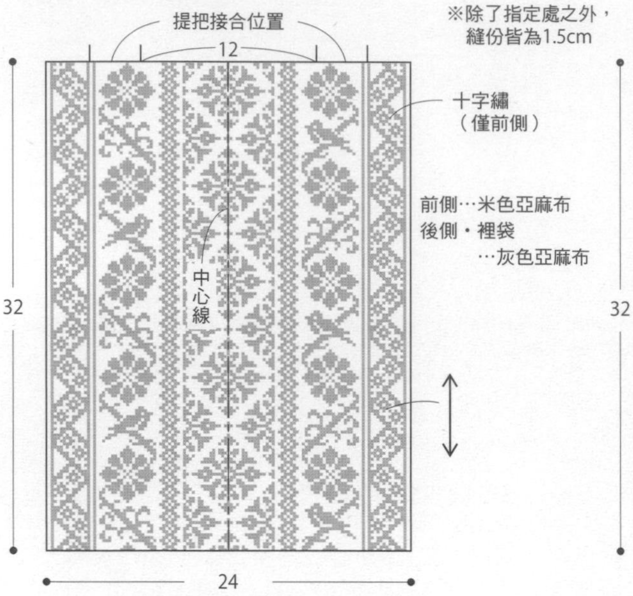
※除了指定處之外，
縫份皆為1.5cm
提把接合位置
12
中心線
十字繡
（僅前側）
前側…米色亞麻布
後側・裡袋
…灰色亞麻布
32
24

側面（與裡袋相同尺寸・各2片）

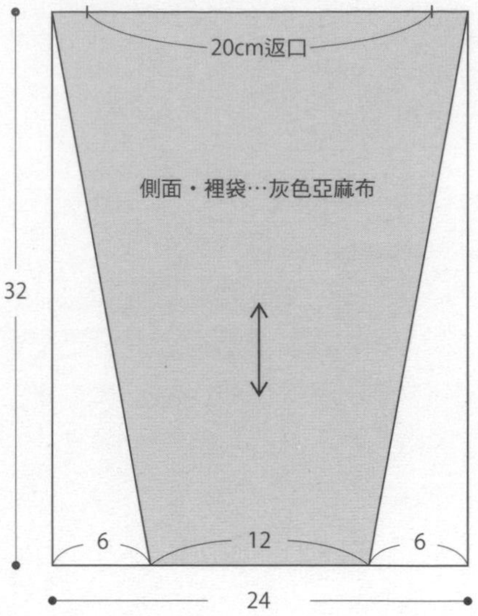
20cm返口
側面・裡袋…灰色亞麻布
32
6
12
6
24

底（裡袋相同尺寸）

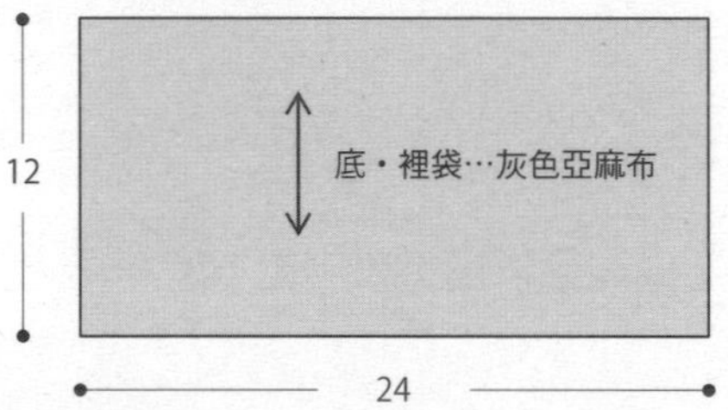
底・裡袋…灰色亞麻布
12
24

提把接合布（左右縫份1cm）

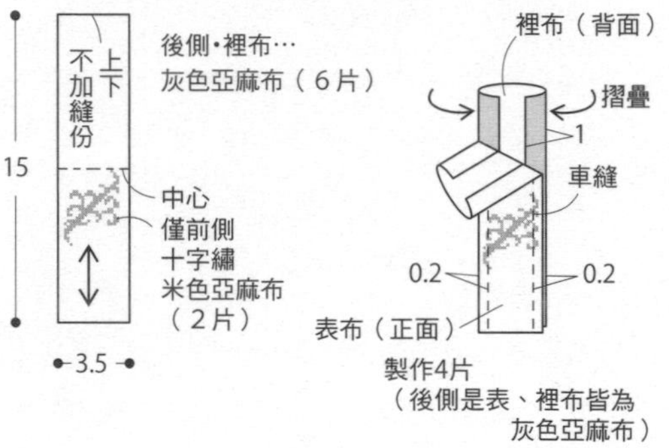
上下不加縫份
後側・裡布…
灰色亞麻布（6片）
中心
僅前側
十字繡
米色亞麻布
（2片）
15
3.5
裡布（背面）
摺疊
1
車縫
0.2
0.2
表布（正面）
製作4片
（後側是表、裡布皆為
灰色亞麻布）

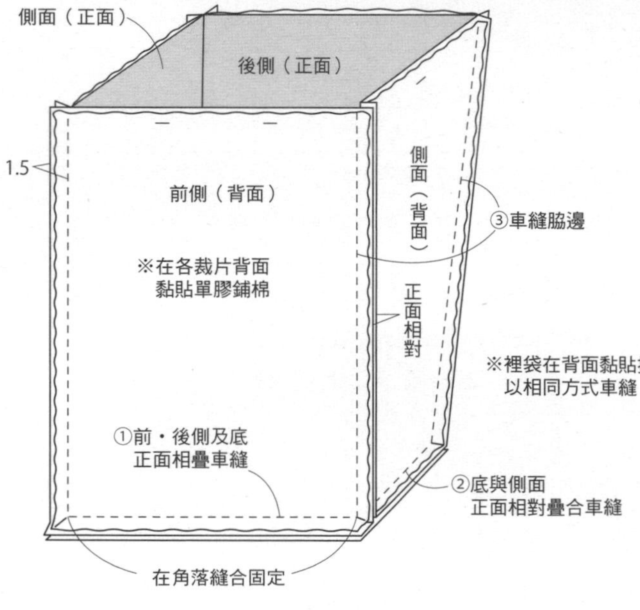
側面（正面）
後側（正面）
1.5
前側（背面）
側面（背面）
③車縫脇邊
※在各裁片背面
黏貼單膠鋪棉
正面相對
①前・後側及底
正面相疊車縫
②底與側面
正面相對疊合車縫
在角落縫合固定

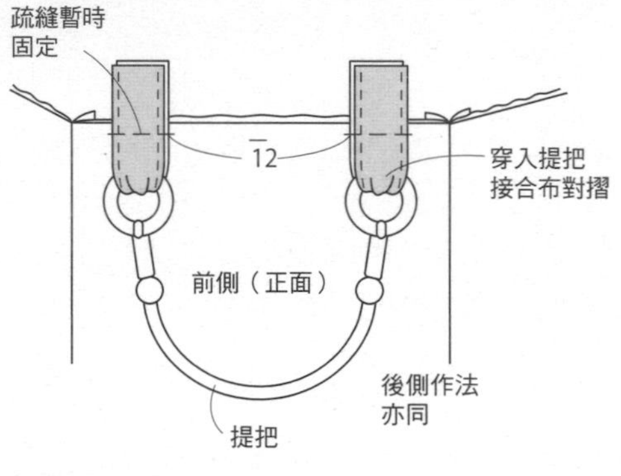
疏縫暫時
固定
12
穿入提把
接合布對摺
前側（正面）
後側作法
亦同
提把

※裡袋在背面黏貼接著襯，以相同方式車縫

完成圖

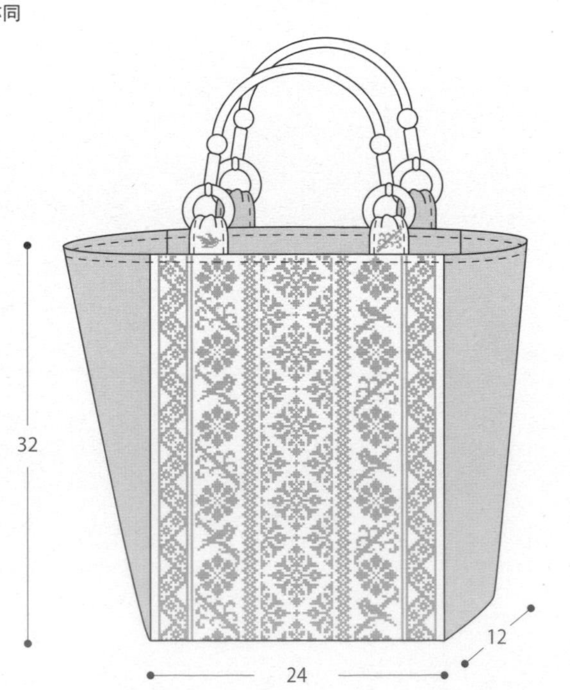
32
12
24

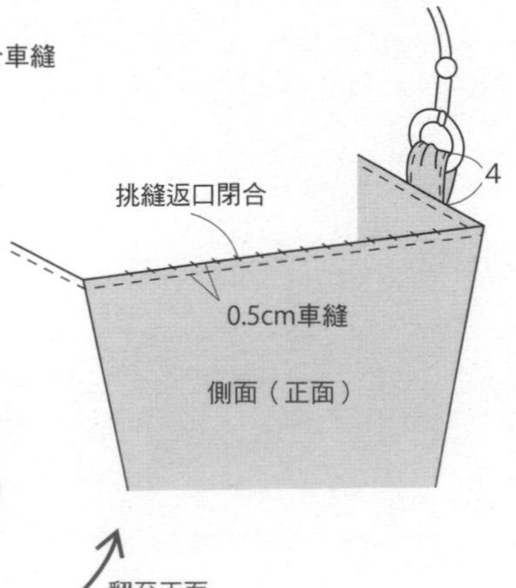
4
挑縫返口閉合
0.5cm車縫
側面（正面）
翻至正面

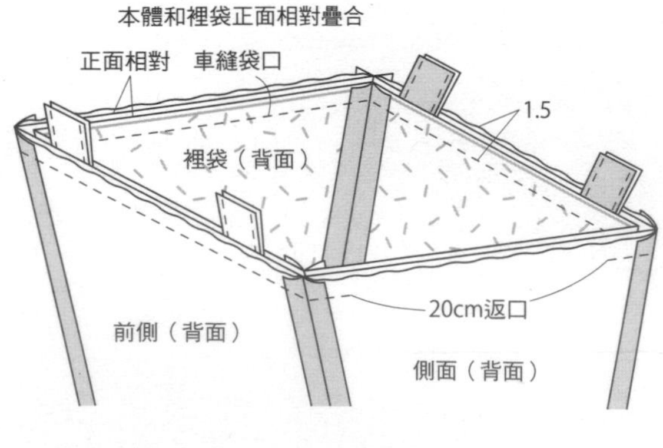
本體和裡袋正面相對疊合
正面相對
車縫袋口
1.5
裡袋（背面）
20cm返口
前側（背面）
側面（背面）

15 P.20

×××××

單色調工作圍裙

材料

灰色亞麻布110×70cm、接著襯（配合亞麻布的顏色）100 X 25cm、DMC 25號繡線3865適量

作法

1 大略裁剪本體的亞麻布。在下方（刺繡的位置）背面黏貼接著襯，進行刺繡。
2 剪下本體・2條綁繩。
3 摺疊綁繩縫份，對摺車縫。
4 將本體兩脇・下擺縫份摺三褶車縫。下方角落進行直角滾邊。
5 在上邊兩脇夾入綁繩車縫。在綁繩上車線固定。

★原寸圖案 ››› 作品圖案B面

※全部不加縫份

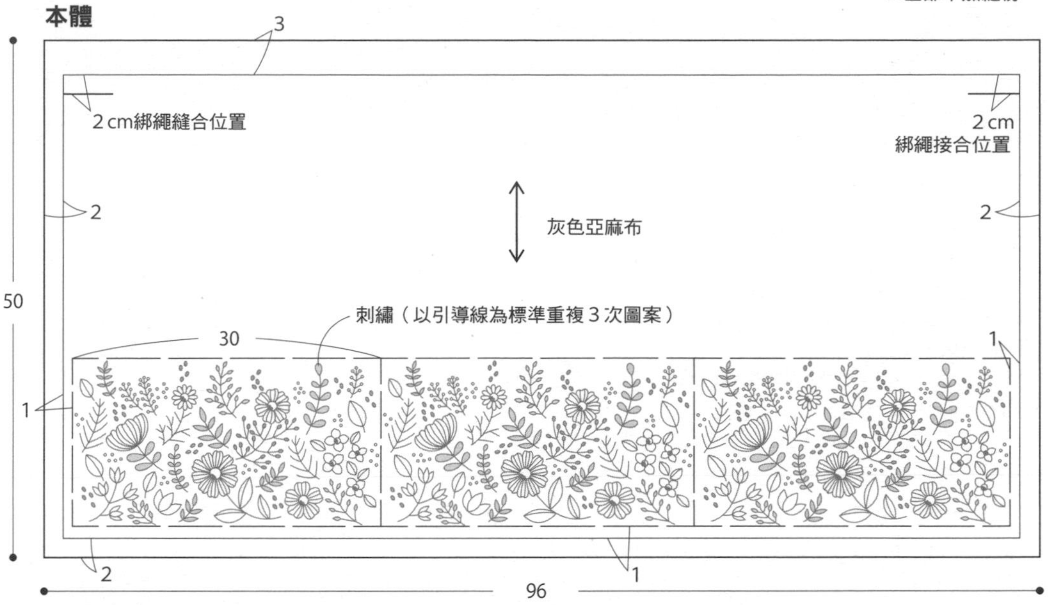

本體
3
2cm綁繩縫合位置
2cm
綁繩接合位置
2
2
灰色亞麻布
50
刺繡（以引導線為標準重複3次圖案）
30
1
1
2
1
96

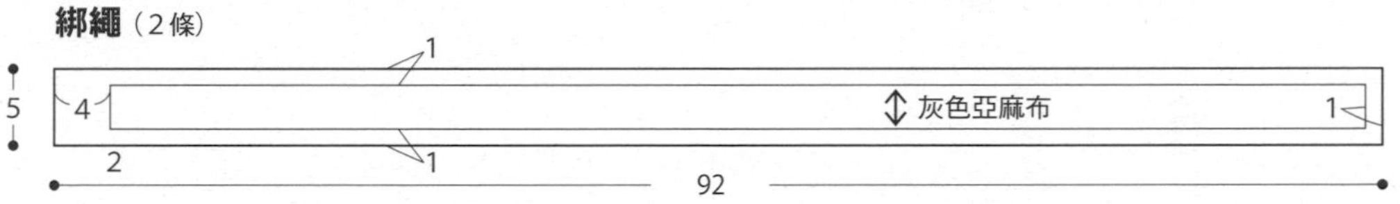

綁繩（2條）
1
5
4
灰色亞麻布
1
2
1
92

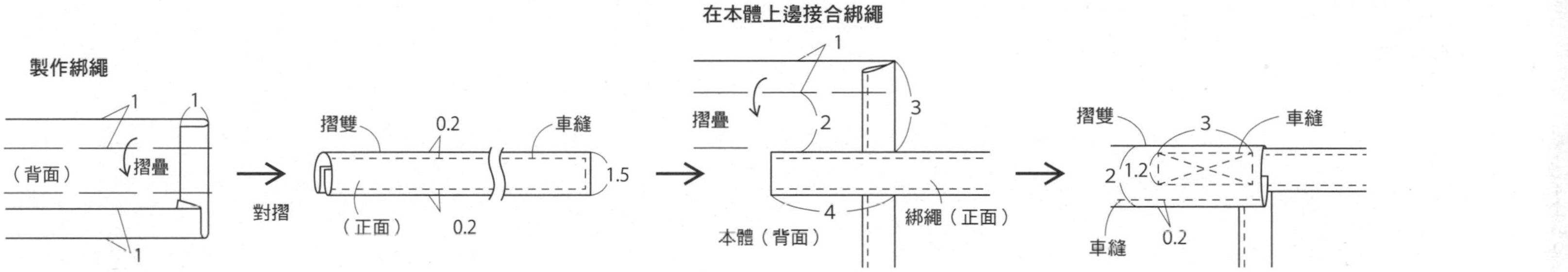

製作綁繩
1
1
（背面）
摺疊
1
對摺
摺雙
0.2
車縫
1.5
（正面）
0.2
在本體上邊接合綁繩
1
摺疊
2
3
4
本體（背面）
綁繩（正面）
摺雙
3
車縫
2
1.2
0.2
車縫

完成圖
87
87
45
0.8cm
車縫
在刺繡部分的背面
黏貼接著襯並刺繡
1
摺三褶車縫
92

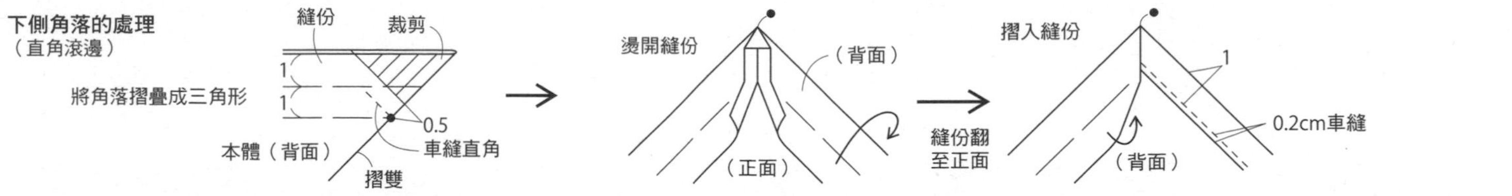

下側角落的處理
（直角滾邊）
縫份
裁剪
1
1
將角落摺疊成三角形
0.5
本體（背面）
車縫直角
摺雙
燙開縫份
（背面）
（正面）
縫份翻
至正面
摺入縫份
1
0.2cm車縫
（背面）

17 P.22
××××
黃金馬裝飾領片

材料

咖啡色亞麻布90×90cm、接著襯40×25cm、DMC 25號繡線各色適量

作法

1 大略裁剪表布，並在背面黏貼接著襯進行刺繡，裁剪各裁片。
2 表布及裡布正面相對疊合，車縫外弧線。翻至正面，並車縫外弧線邊緣。
3 以斜向裁剪的布料包捲內弧線的邊緣並車縫。同時也持續車縫左右綁繩部分。
4 以繡線製作流蘇，接合於綁繩末端。

★原寸圖案・紙型 ››› P.109

裁布圖

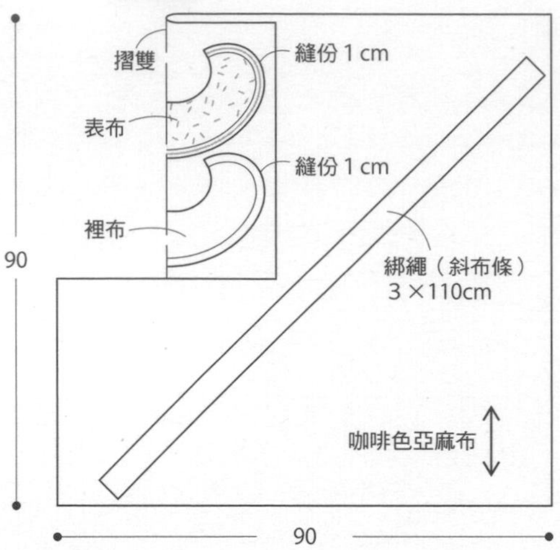

摺雙
表布
裡布
縫份1cm
縫份1cm
綁繩（斜布條）
3×110cm
咖啡色亞麻布
90
90

※除了指定處之外不加縫份
※ 在背面黏貼接著襯

刺繡位置

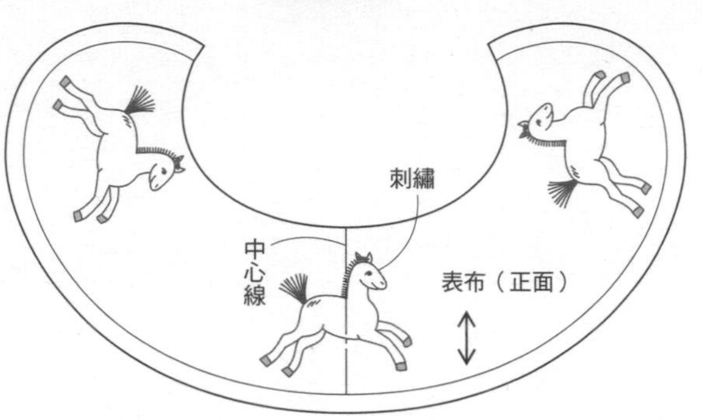

刺繡
中心線
表布（正面）

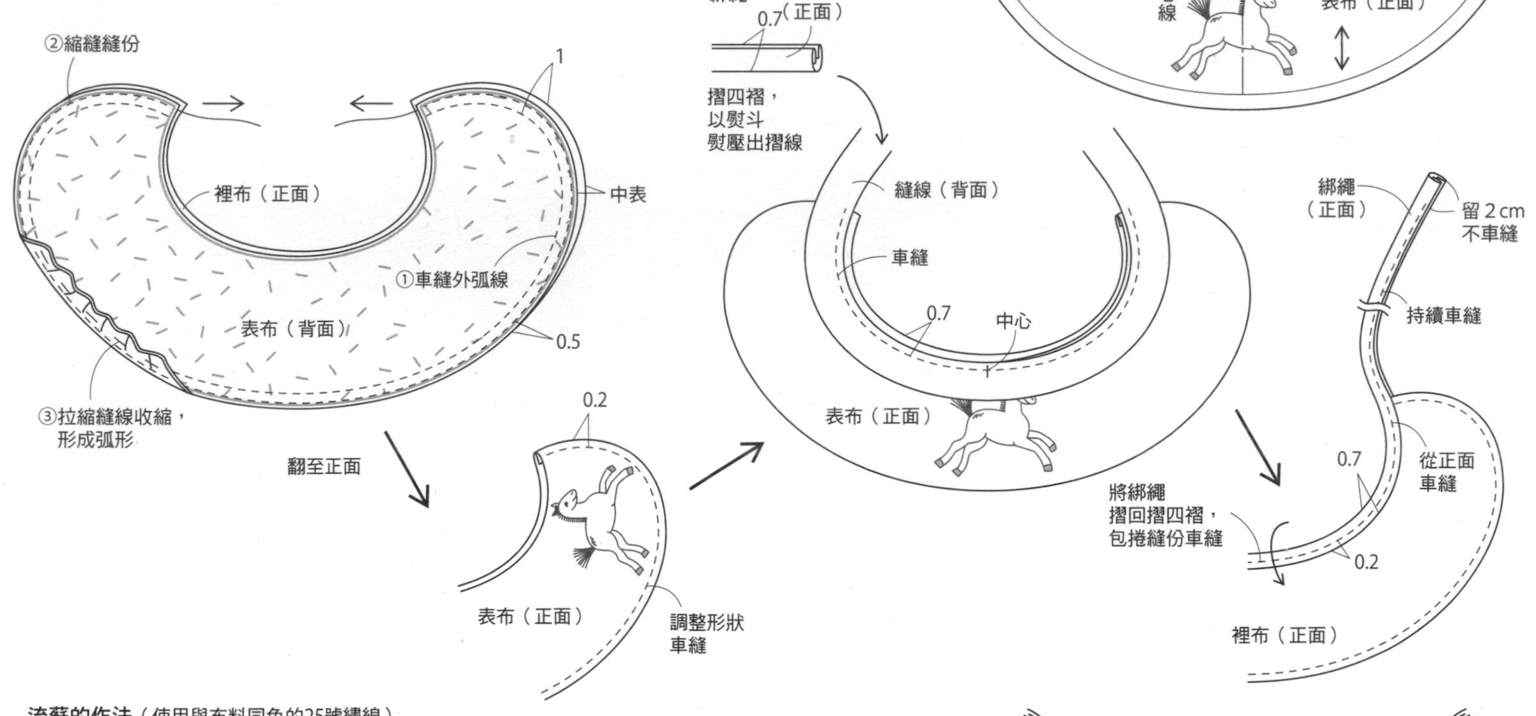

②縮縫縫份
1
中表
裡布（正面）
①車縫外弧線
表布（背面）
0.5
③拉縮縫線收縮，
形成弧形
翻至正面
0.2
表布（正面）
調整形狀
車縫
綁繩
0.7（正面）
摺四摺，
以熨斗
熨壓出摺線
縫線（背面）
車縫
0.7
中心
表布（正面）
綁繩
（正面）
留2cm
不車縫
持續車縫
0.7
從正面
車縫
將綁繩
摺回摺四摺，
包捲縫份車縫
0.2
裡布（正面）

流蘇的作法（使用與布料同色的25號繡線）

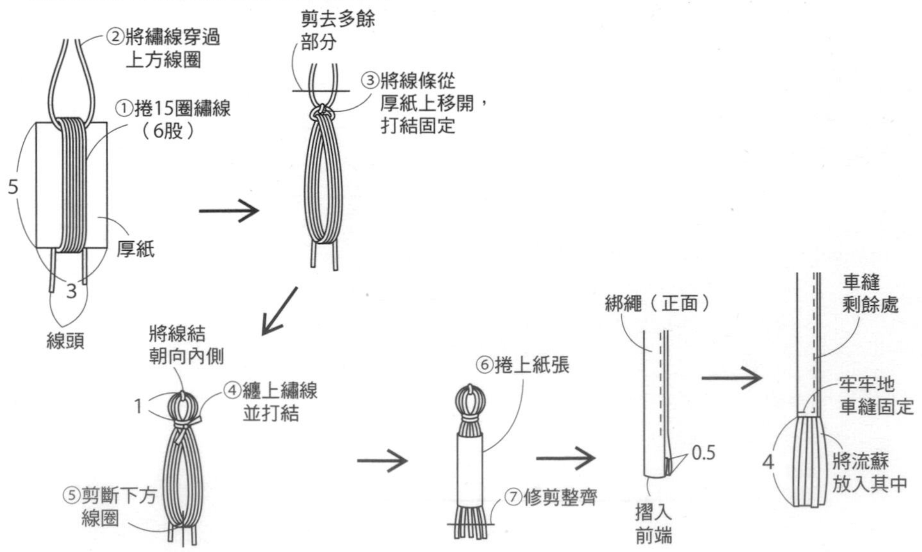

②將繡線穿過
上方線圈
①捲15圈繡線
（6股）
5
厚紙
3
線頭
剪去多餘
部分
③將線條從
厚紙上移開，
打結固定
將線結
朝向內側
1
④纏上繡線
並打結
⑤剪斷下方
線圈
⑥捲上紙張
⑦修剪整齊
綁繩（正面）
0.5
摺入
前端
車縫
剩餘處
牢牢地
車縫固定
4
將流蘇
放入其中

完成圖

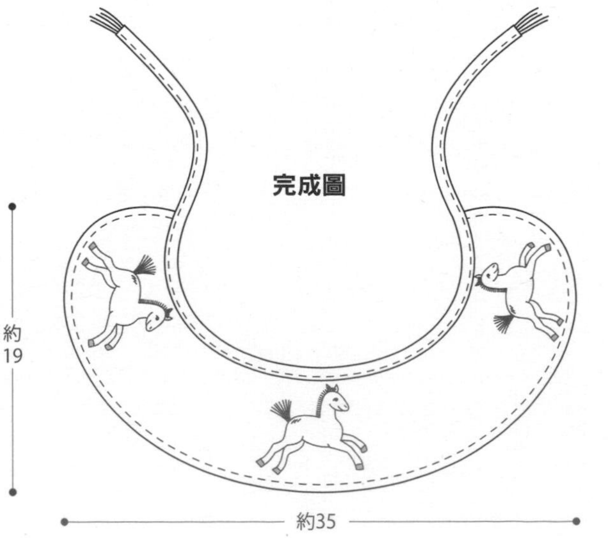

約19
約35

17 P.22
××××

黃金馬裝飾領片

原寸圖案・紙型

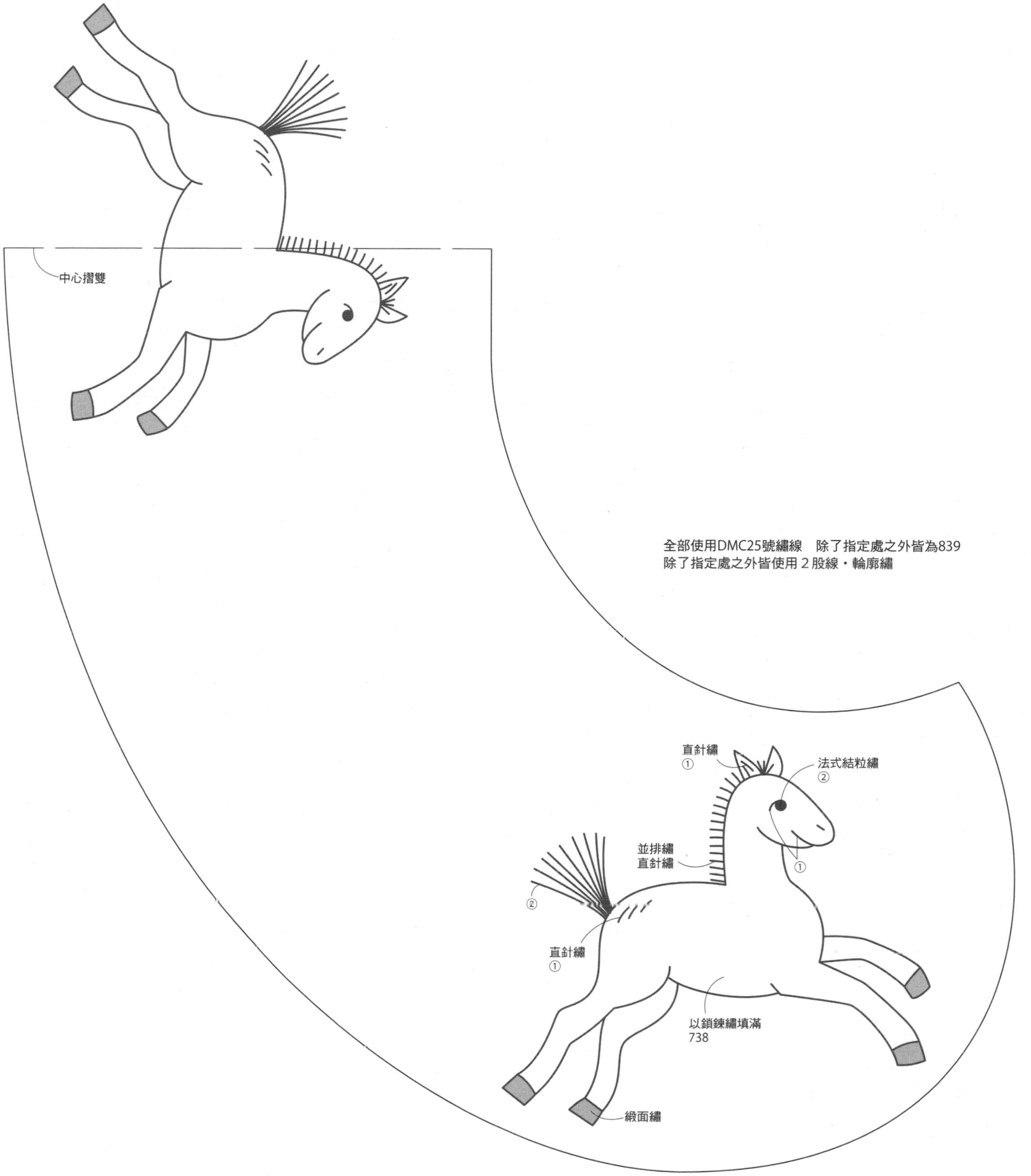

中心摺雙
全部使用DMC25號繡線　除了指定處之外皆為839
除了指定處之外皆使用２股線・輪廓繡
直針繡
①
法式結粒繡
②
①
並排繡
直針繡
②
直針繡
①
以鎖鍊繡填滿
738
緞面繡

21～23 P.30

×××× ××××

聖誕色彩掛飾

材料（1個的用量）

COSMO free stitch用棉布作品21・22=white（11）・作品23=ivory（35）各15×25cm、寬0.4cm緞帶5cm、填充棉適量、直徑0.5cm單圈2～3個、金屬製墜子適量、COSMO25號繡線・錦線（にしきいと）各色適量

作法（相同）

參照圖片。繩子是以2色繡線捻合製作（50cm作為吊繩，剩餘則縫合固定在四周）。在本體縫合固定喜歡的墜子，穿入單圈接合於吊繩根部。

★原寸圖案 ››› 作品圖案B面

前側（後側為對稱）

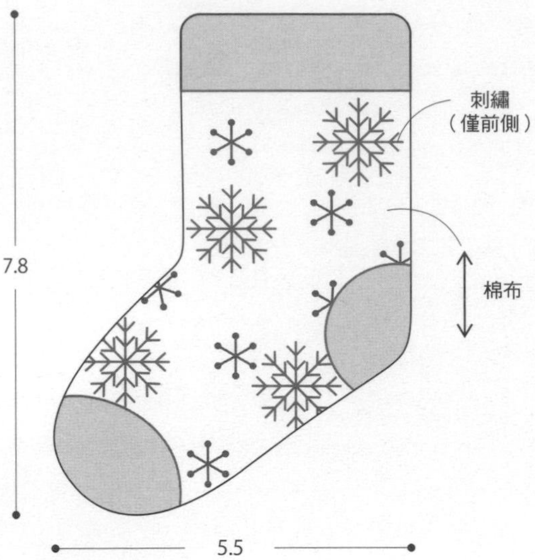
刺繡
（僅前側）
棉布
7.8
5.5

※縫份0.7cm

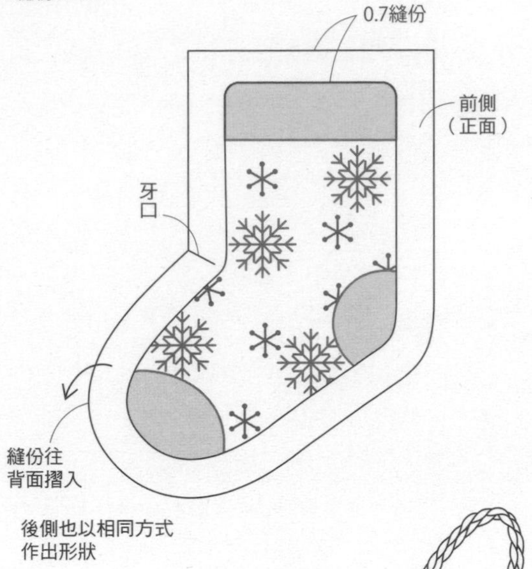
0.7縫份
前側
（正面）
牙口
縫份往
背面摺入
後側也以相同方式
作出形狀

完成圖

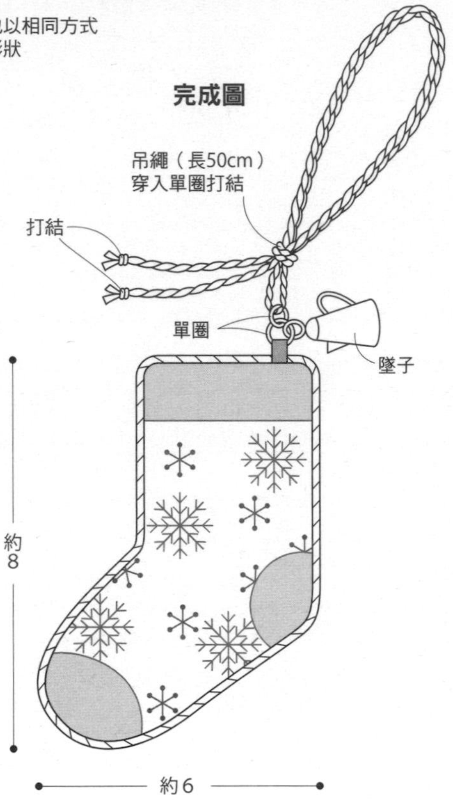
吊繩（長50cm）
穿入單圈打結
打結
單圈
墜子
約8
約6

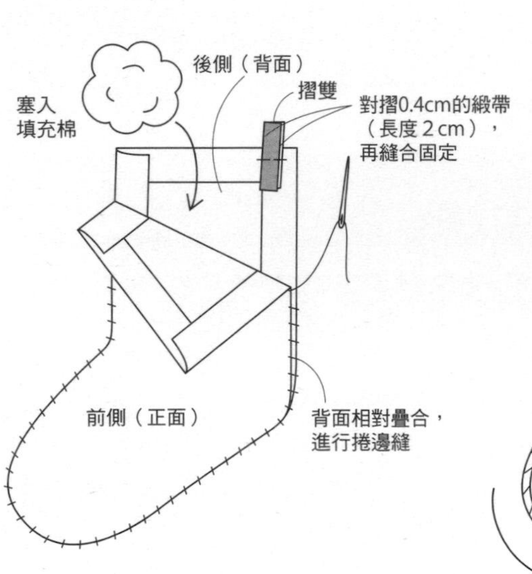
縫合前・後側
後側（背面）
塞入
填充棉
摺雙
對摺0.4cm的緞帶
（長度2cm），
再縫合固定
前側（正面）
背面相對疊合，
進行捲邊縫

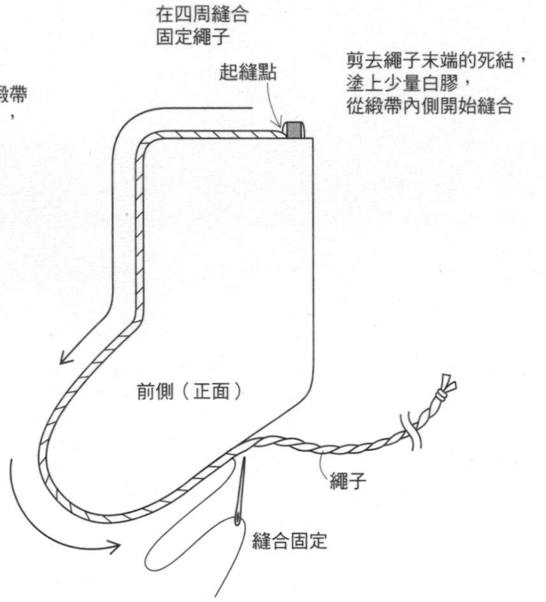
在四周縫合
固定繩子
起縫點
剪去繩子末端的死結，
塗上少量白膠，
從緞帶內側開始縫合
前側（正面）
繩子
縫合固定

繩子的作法

準備2色繡線（直接使用6股）各200cm

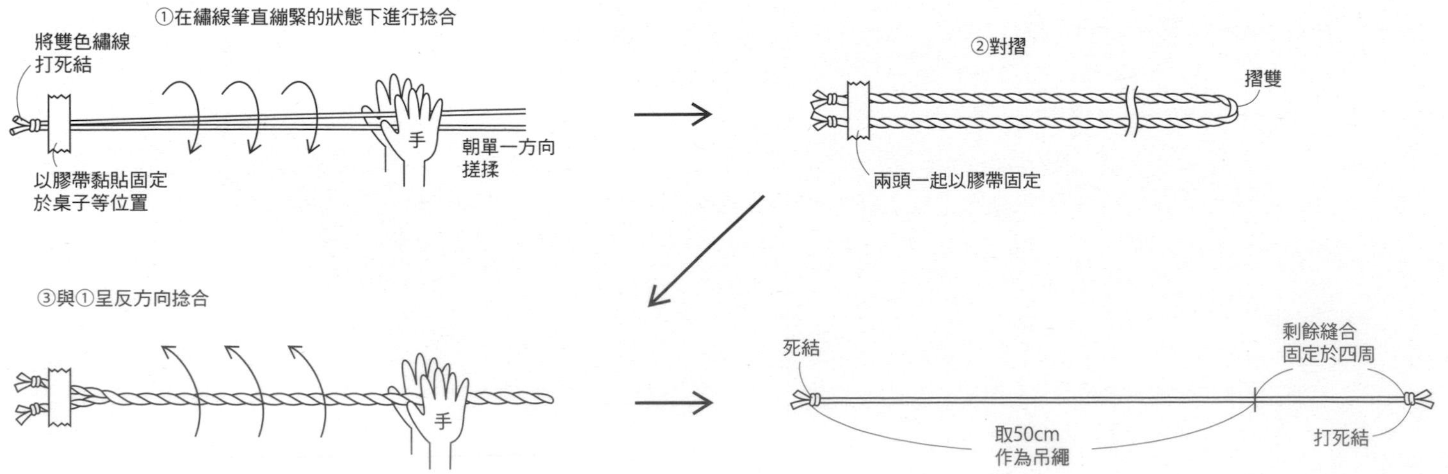
①在繡線筆直繃緊的狀態下進行捻合
將雙色繡線
打死結
以膠帶黏貼固定
於桌子等位置
手
朝單一方向
搓揉
②對摺
摺雙
兩頭一起以膠帶固定
③與①呈反方向捻合
手
死結
剩餘縫合
固定於四周
取50cm
作為吊繩
打死結

24～26 P.31

星型Biscornu

材料（1個的用量）

DMC亞麻繡布28ct（11目／1cm）作品24・25=Natural（842）・作品26=white（B5200）各20×30cm、直徑0.3cm金珠10個、填充棉適量、DMC25號繡線各色適量

作法

1 在亞麻布上進行十字繡及回針繡。
2 在四周加上縫份後裁剪。在凹陷部分剪牙口（最好預先塗上防綻液並乾燥）。
3 在四周回針繡邊緣將縫份往內摺作出形狀。以上製作2片（前側・後側）。
4 將前側和後側背面相對疊合，挑四周回針繡的每一目針目，進行捲邊縫（使用2股與回針繡同色的繡線）。最後1邊在捲邊縫之前塞入填充棉。
5 在8個角落縫上珠子。前側．後側中心縫上珠子（以中心凹陷的力道拉緊縫線，打結）。

本體（2片）

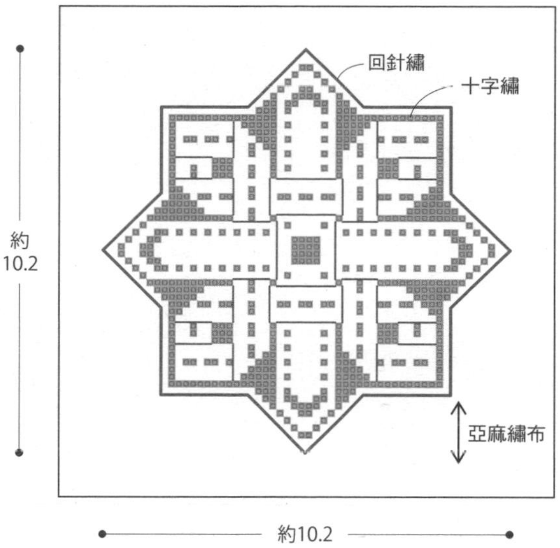

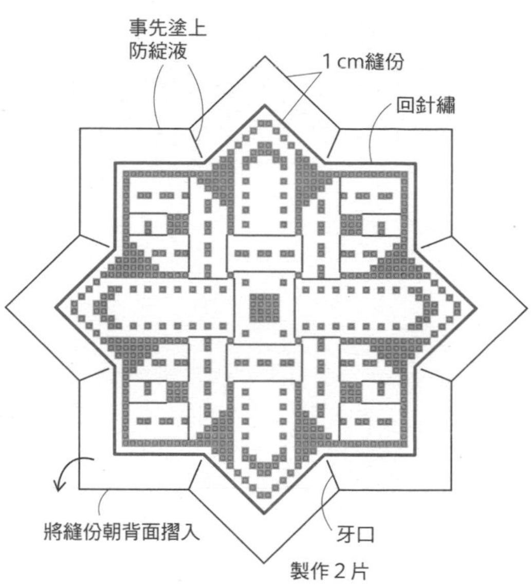

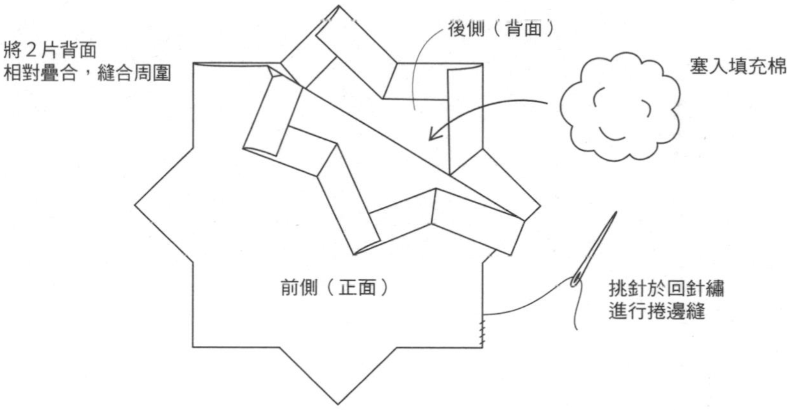

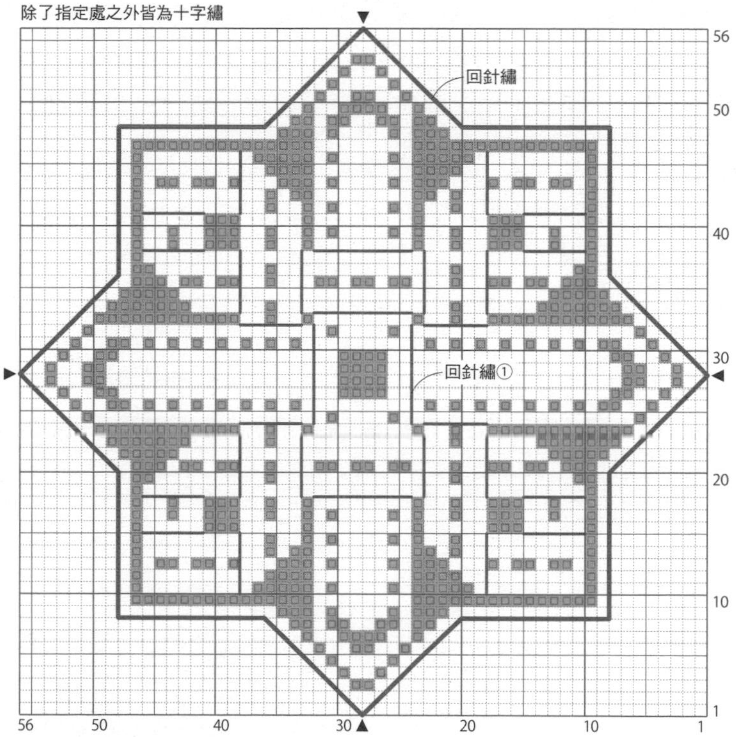

全部使用DMC 25號繡線
作品24＝B5200　作品25=823　作品26=816　除了指定處之外皆為2股線
DMC亞麻繡布28ct（11目／1cm）
作品24・25＝Natural（842）　作品26=white（B5200）　※以2×2目為1目
圖案完成尺寸　約10.2×10.2cm

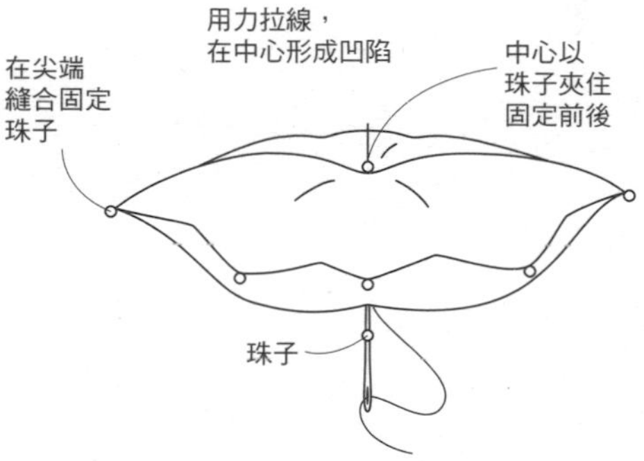

完成圖

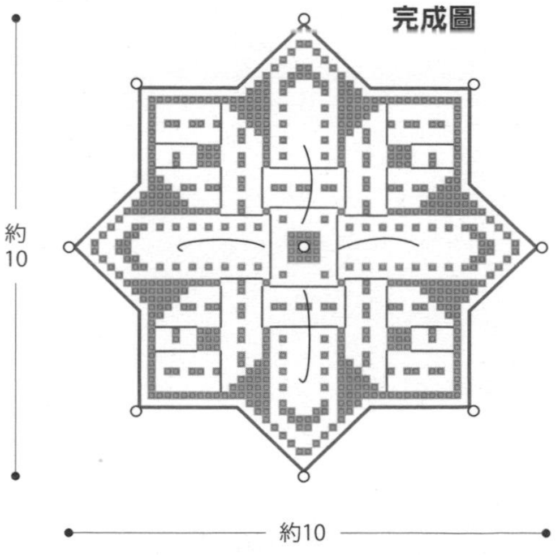

29～31 P.36

十字繡紅包袋

材料（1個的用量）

DMC Aida繡布14ct（55目／10cm）作品29＝lightgray（644）・作品30＝BLANC・作品31＝lightblue（162）各20×20cm、DMC25號繡線各色適量

作法（相同）

1 在Aida繡布上進行十字繡。由於不加外縫份，因此建議使用有上漿較硬的Aida繡布。
2 沿著Aida織目裁剪四周。
3 摺疊兩脇，於後側中心黏貼形成筒狀（使用乾燥後呈透明狀的手藝用或木工用黏膠）。
4 斜向摺疊黏貼下方角落，並摺疊底部黏貼。
5 斜向摺疊黏貼上方角落，並摺疊袋口。

★圖案 ››› 附錄刺繡圖案集P.91

配置圖

※不加外縫份

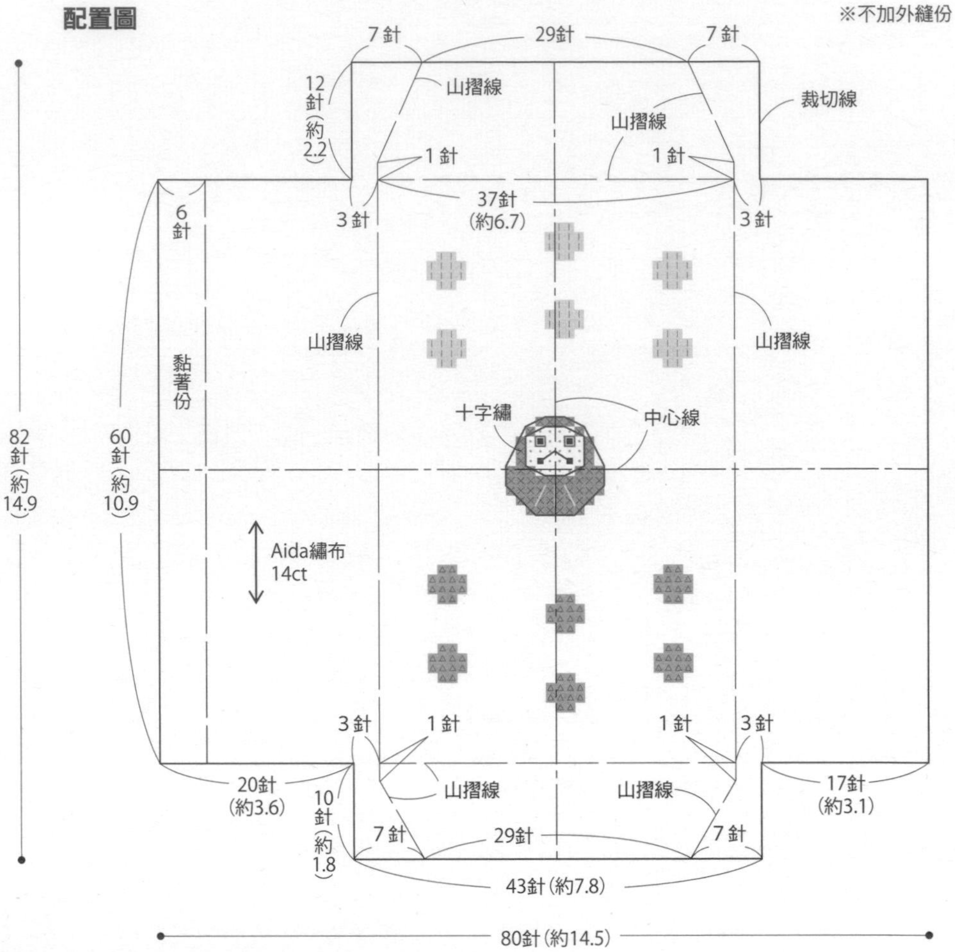

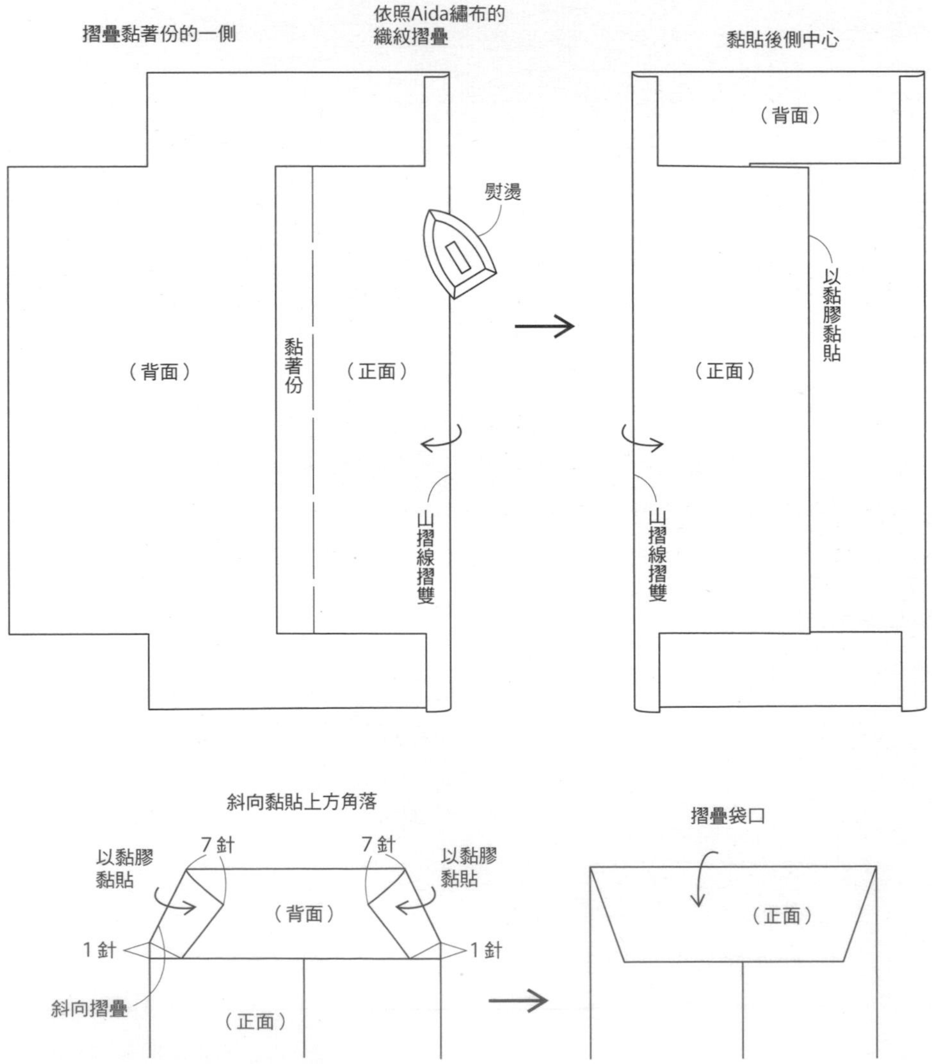

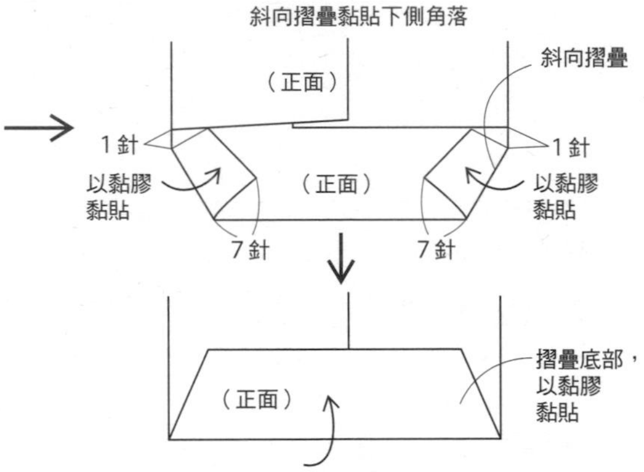

完成圖

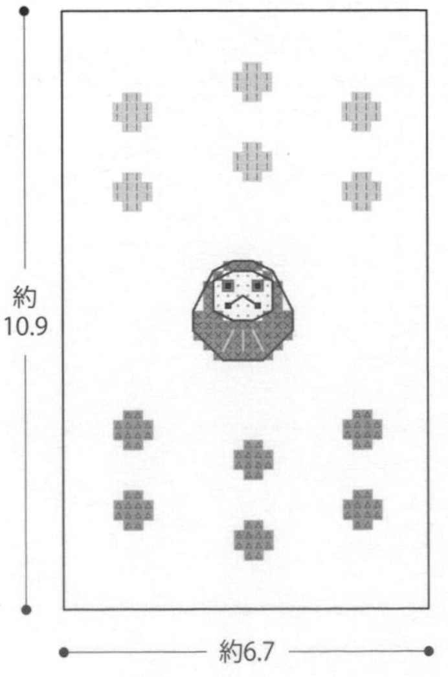

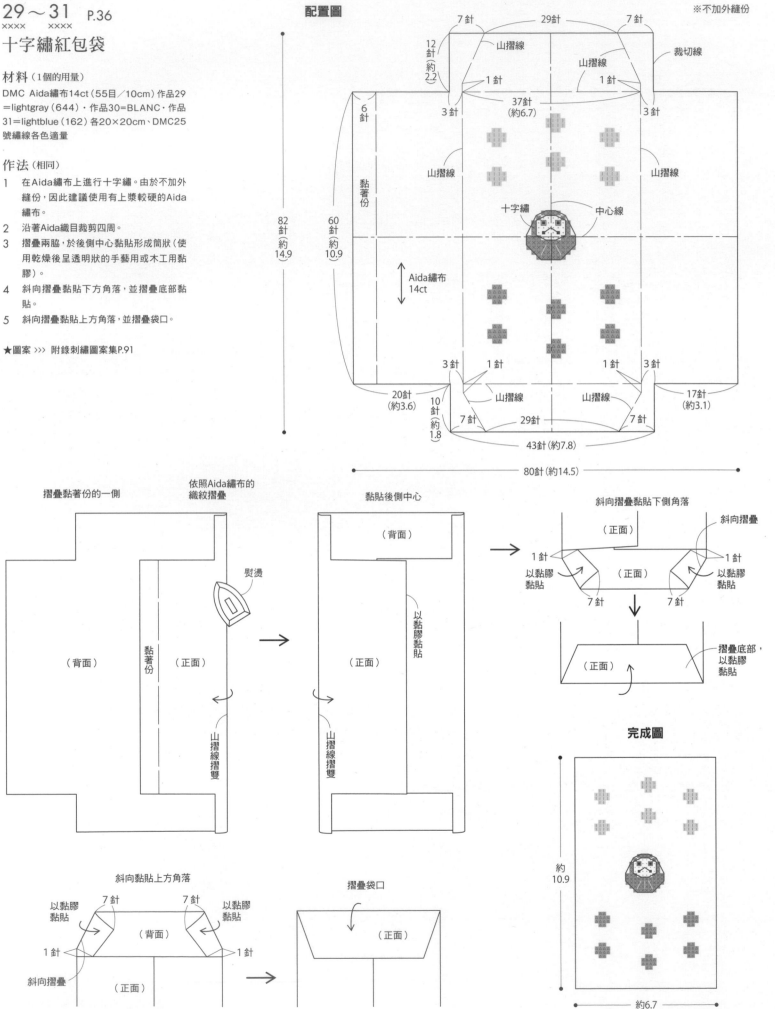

32・33 P.37

小巾刺繡口金零錢包

材料

作品32＝Olympus亞麻繡布（20ct・80目／10cm）黑（1014） 35×30cm、素色棉布・黑色接著襯各30×25cm、日本紐釦貿易皮框有耳口金黑色TAK2-B（約W15.5×H7.3cm・附紙繩）1組、Olympus小巾繡線731各適量

作品33＝Olympus亞麻繡布（20ct・80目／10cm）白（1006） 30×20cm、素色棉布・白色接著襯30×20 cm、日本紐釦貿易皮框口金紅色TAK1-R（約W10×H5cm・附紙繩）1組、Olympus小巾繡線194・900各適量

作法（相同）

1 在亞麻繡布上作出本體的完成線記號，進行小巾刺繡（前側・後側）。在背面黏貼不含縫份的接著襯，接著加上縫份進行裁布。
2 將2片本體正面相對疊合，縫合底部兩個縫合止點之間。
3 以2的相同方式製作裡袋（在底部留下返口），與本體正面相疊縫合袋口兩車縫止點之間。
4 翻至正面調整形狀，閉合返口。
5 在袋口裝上口金。

★圖案・原寸紙型 ››› 作品圖案A面

作品33 本體前側（裡袋相同尺寸・2片）

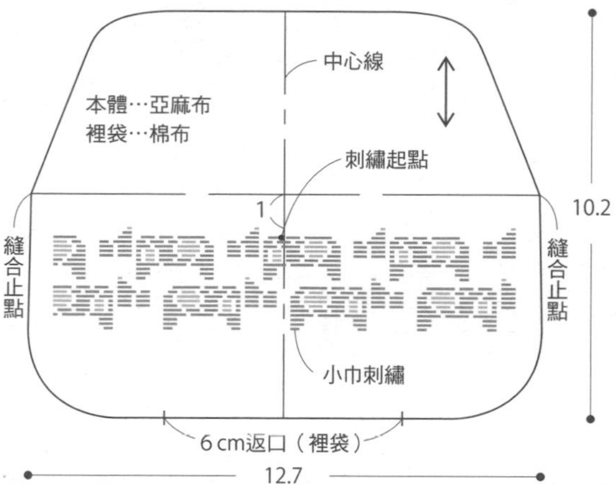

後側 ※縫份 1 cm

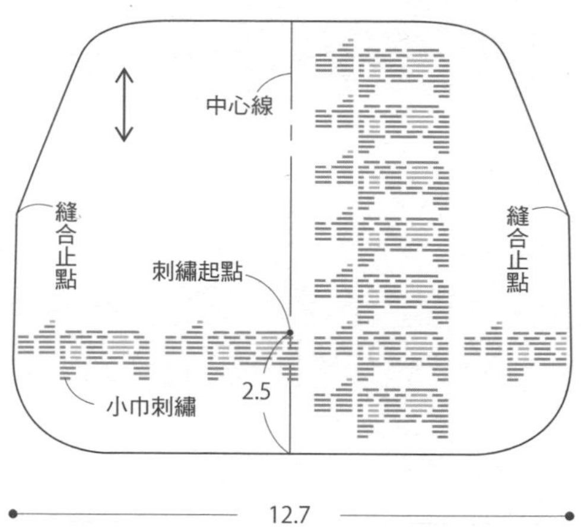

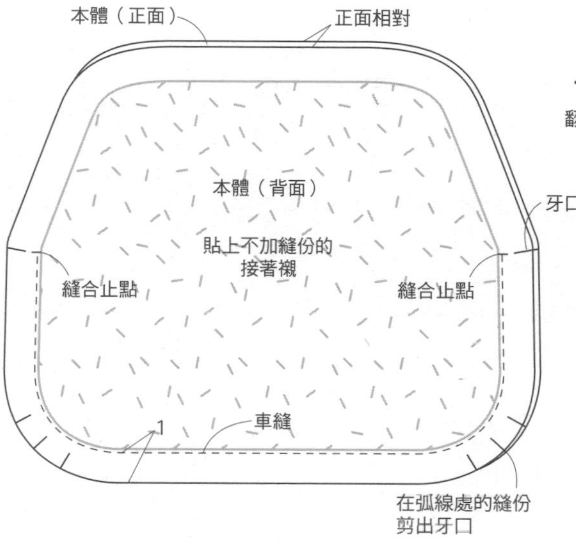

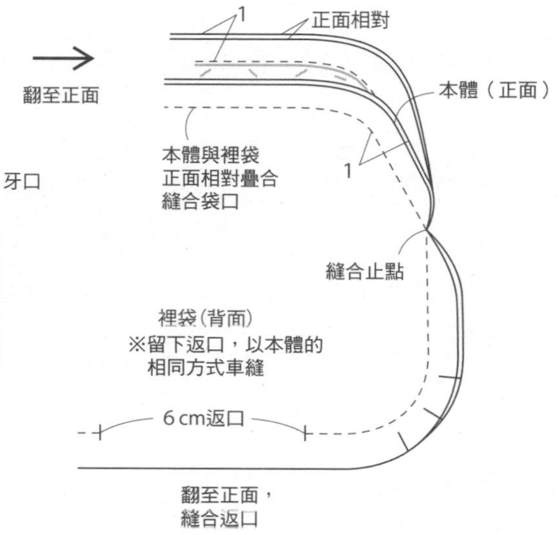

安裝口金

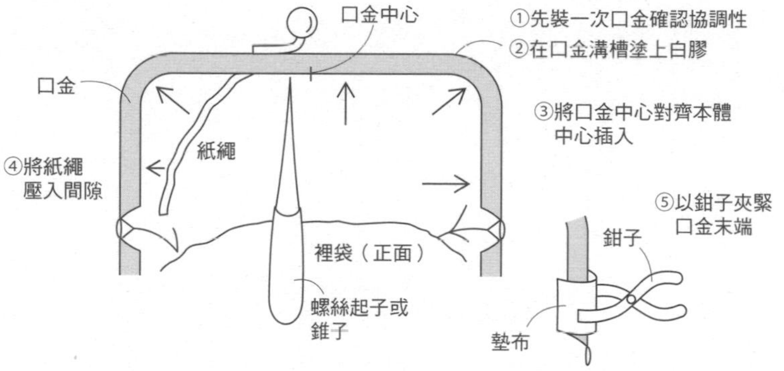

作品33

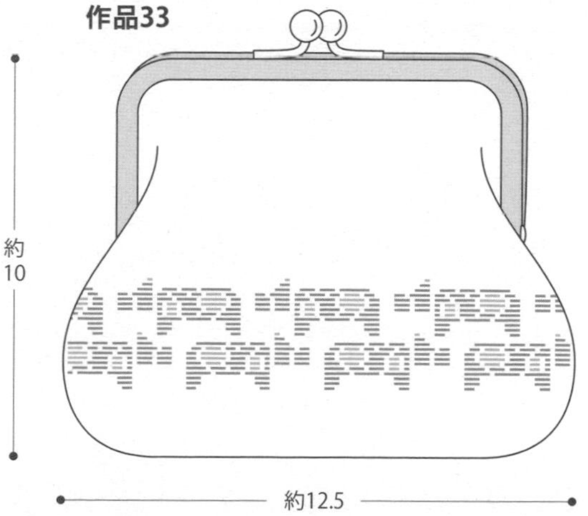

完成圖 作品32（後側）

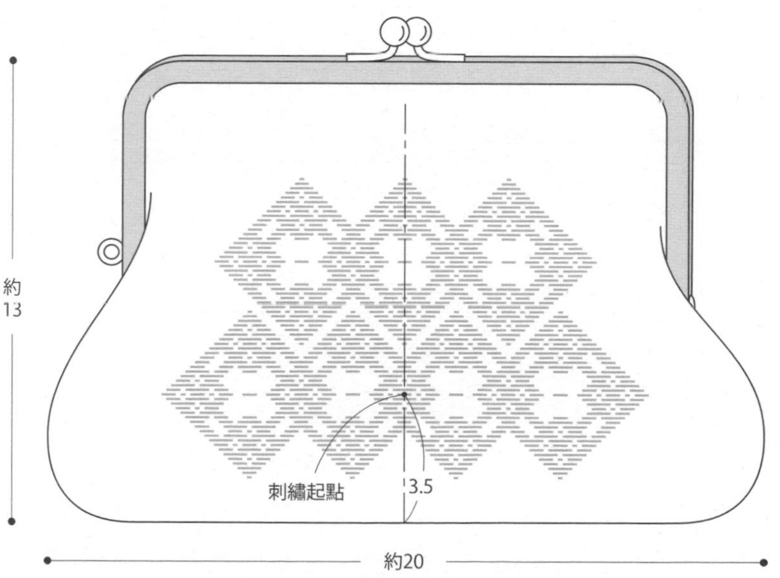

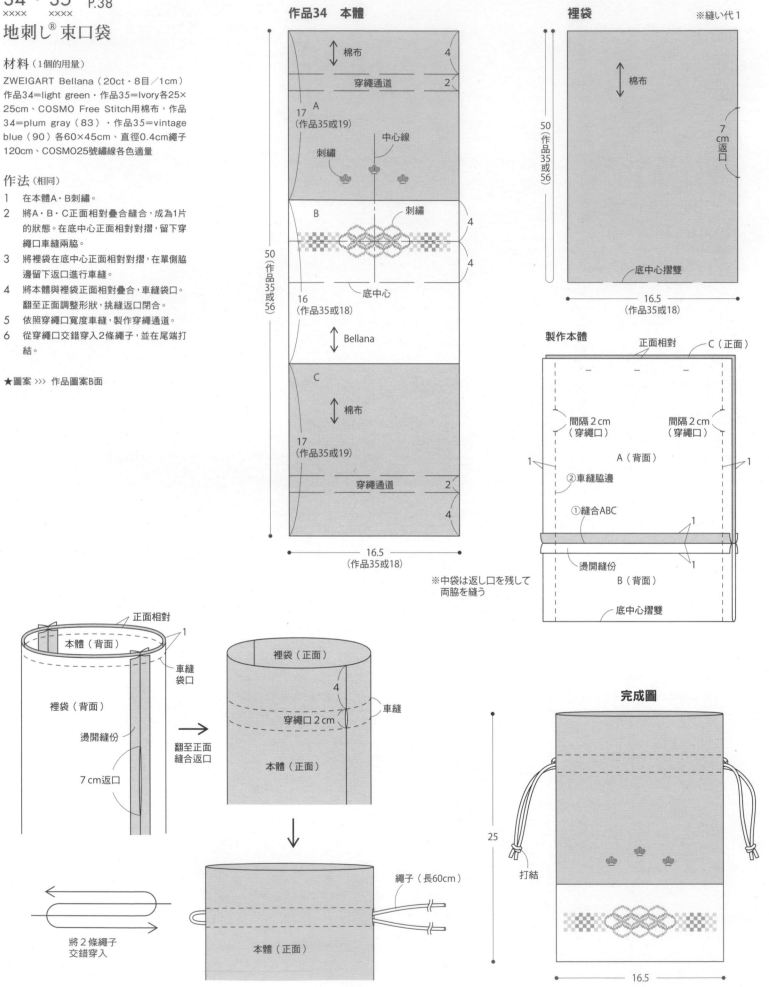

34・35 P.38

××××　××××

地刺し® 束口袋

材料（1個的用量）

ZWEIGART Bellana（20ct・8目／1cm）作品34=light green・作品35=Ivory各25×25cm、COSMO Free Stitch用棉布，作品34=plum gray（83）・作品35=vintage blue（90）各60×45cm、直徑0.4cm繩子120cm、COSMO25號繡線各色適量

作法（相同）

1　在本體A・B刺繡。
2　將A・B・C正面相對疊合縫合，成為1片的狀態。在底中心正面相對對摺，留下穿繩口車縫兩脇。
3　將裡袋在底中心正面相對對摺，在單側脇邊留下返口進行車縫。
4　將本體與裡袋正面相對疊合，車縫袋口。翻至正面調整形狀，挑縫返口閉合。
5　依照穿繩口寬度車縫，製作穿繩通道。
6　從穿繩口交錯穿入2條繩子，並在尾端打結。

★圖案 >>> 作品圖案B面

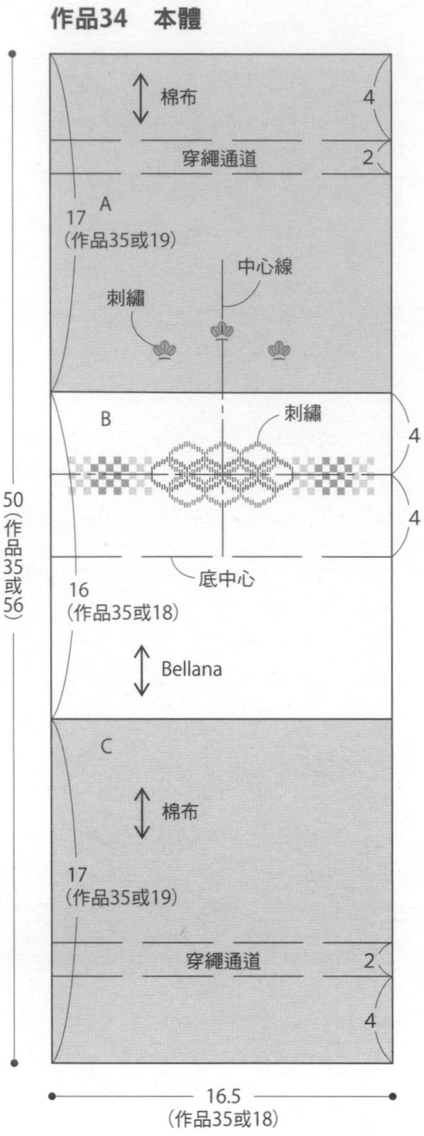

作品34　本體
棉布
4
穿繩通道
2
A
17
(作品35或19)
中心線
刺繡
B
刺繡
4
4
50
(作品35或56)
底中心
16
(作品35或18)
Bellana
C
棉布
17
(作品35或19)
穿繩通道
2
4
16.5
(作品35或18)

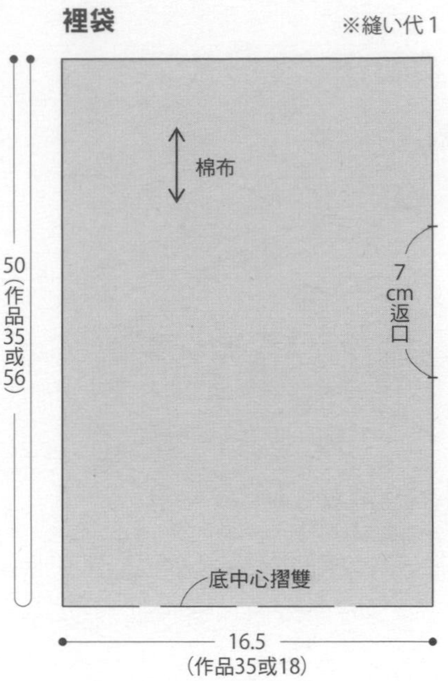

裡袋
※縫い代1
棉布
50
(作品35或56)
7cm返口
底中心摺雙
16.5
(作品35或18)

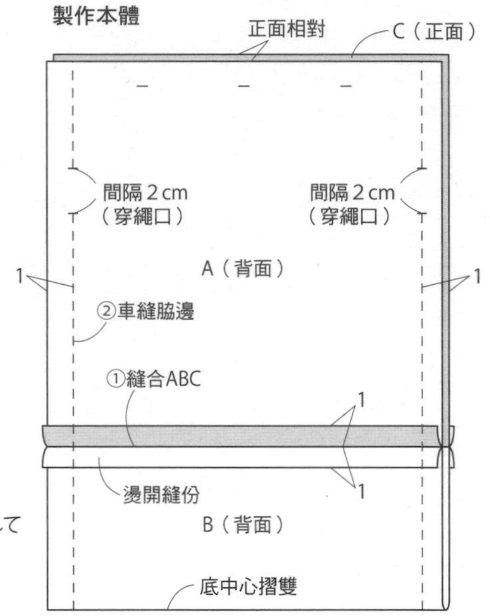

製作本體
正面相對
C（正面）
間隔2cm
（穿繩口）
間隔2cm
（穿繩口）
A（背面）
1
1
②車縫脇邊
①縫合ABC
1
燙開縫份
1
B（背面）
底中心摺雙

※中袋は返し口を残して
両脇を縫う

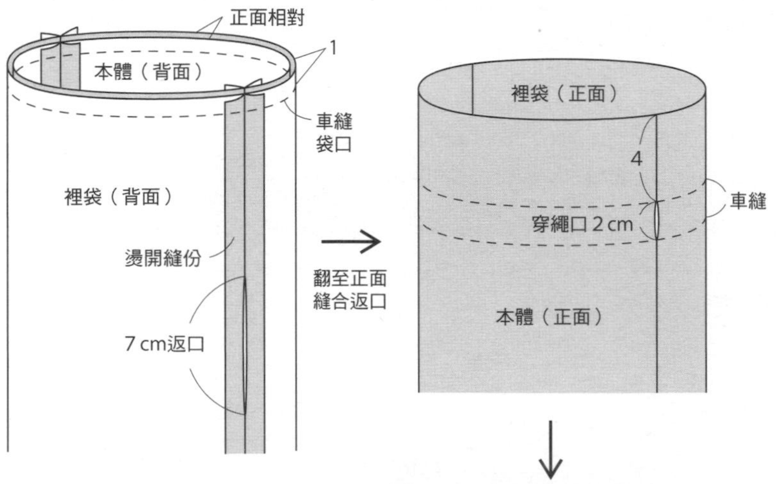

正面相對
本體（背面）
1
車縫
袋口
裡袋（背面）
燙開縫份
7cm返口
翻至正面
縫合返口
裡袋（正面）
4
車縫
穿繩口2cm
本體（正面）

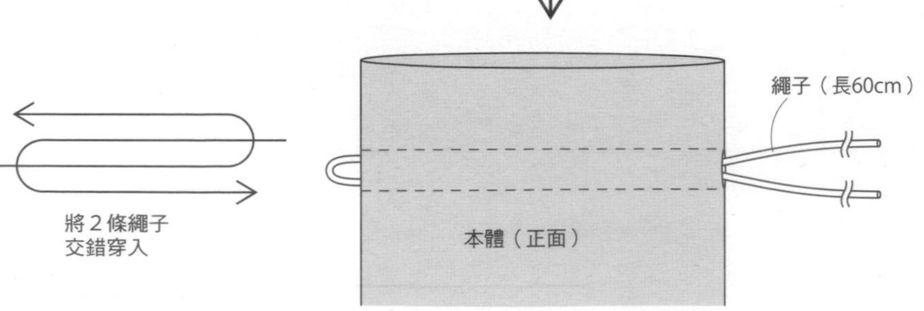

將2條繩子
交錯穿入
繩子（長60cm）
本體（正面）

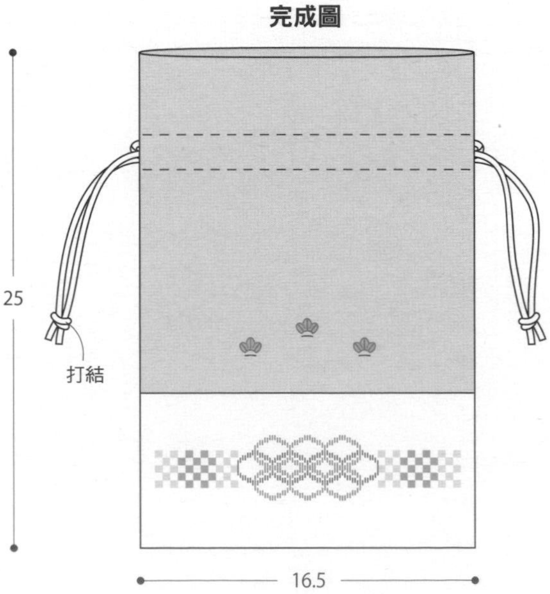

完成圖
25
打結
16.5

36・37 P.39

茶花與梅花迷你波奇包

材料（1個的用量）

素色絲布25×30cm、棉布・接著襯 各25×30cm、寬1.3cm真田繩100cm、Fujix Soie et Sparkle Lame各色適量

作法（相同）

1 在本體絲布上刺繡
2 將1正面相疊車縫脇邊～底。並將提繩疏縫暫時固定於袋口。
3 在裡袋背面黏貼接著襯，留下返口車縫脇邊～底。
4 將本體和裡袋正面相對疊合車縫袋口。翻至正面，縫合返口。
5 以星止縫固定裡袋袋口。

★原寸圖案 ››› 附錄刺繡圖案集P.91

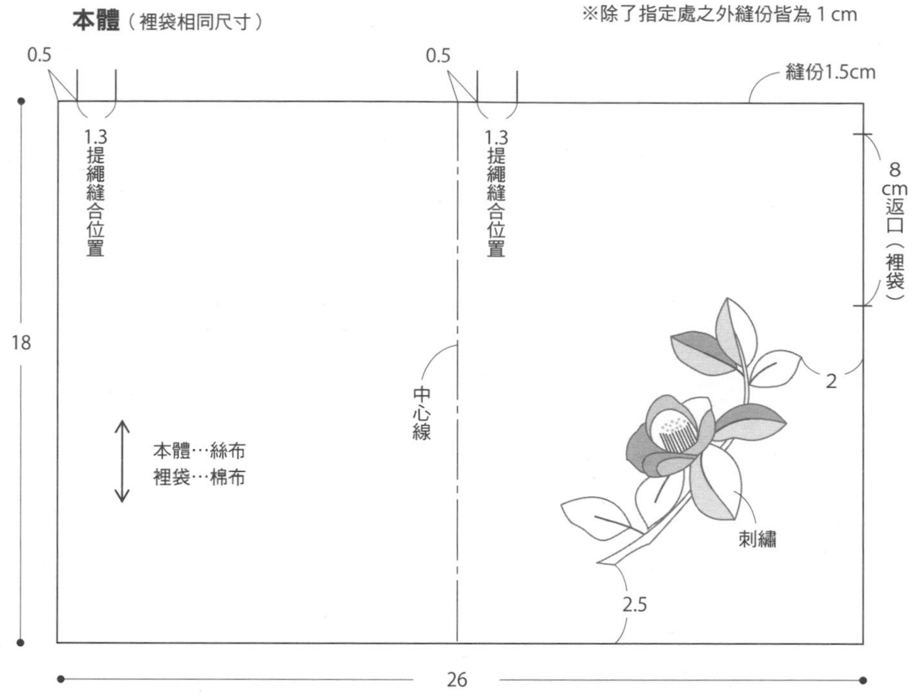

本體（裡袋相同尺寸）
※除了指定處之外縫份皆為1cm
0.5
0.5
縫份1.5cm
1.3提繩縫合位置
1.3提繩縫合位置
8cm返口（裡袋）
18
2
中心線
本體…絲布
裡袋…棉布
刺繡
2.5
26

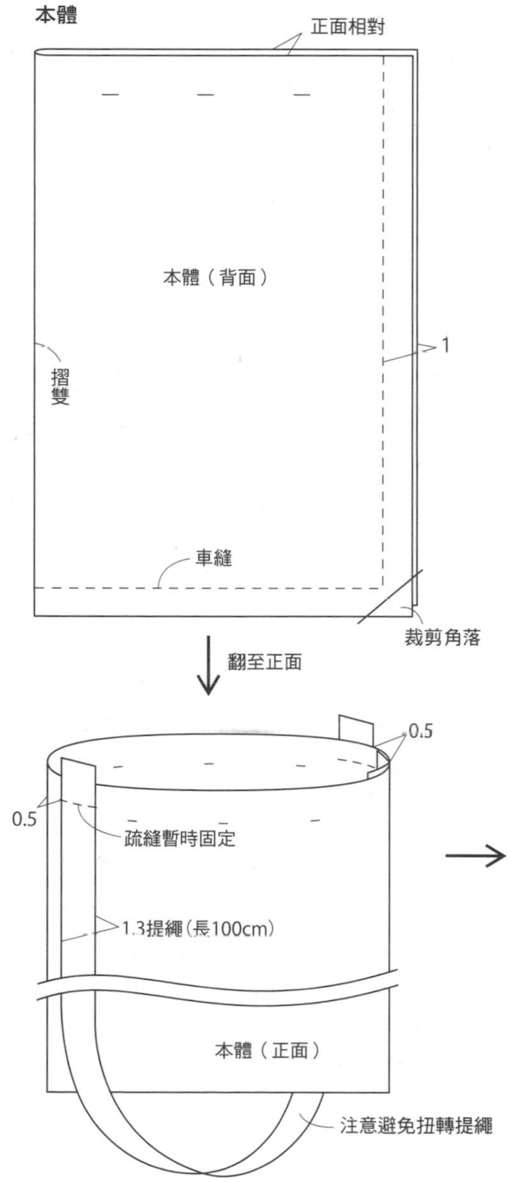

本體
正面相對
本體（背面）
摺雙
1
車縫
裁剪角落
翻至正面
0.5
0.5
疏縫暫時固定
1.3提繩（長100cm）
本體（正面）
注意避免扭轉提繩

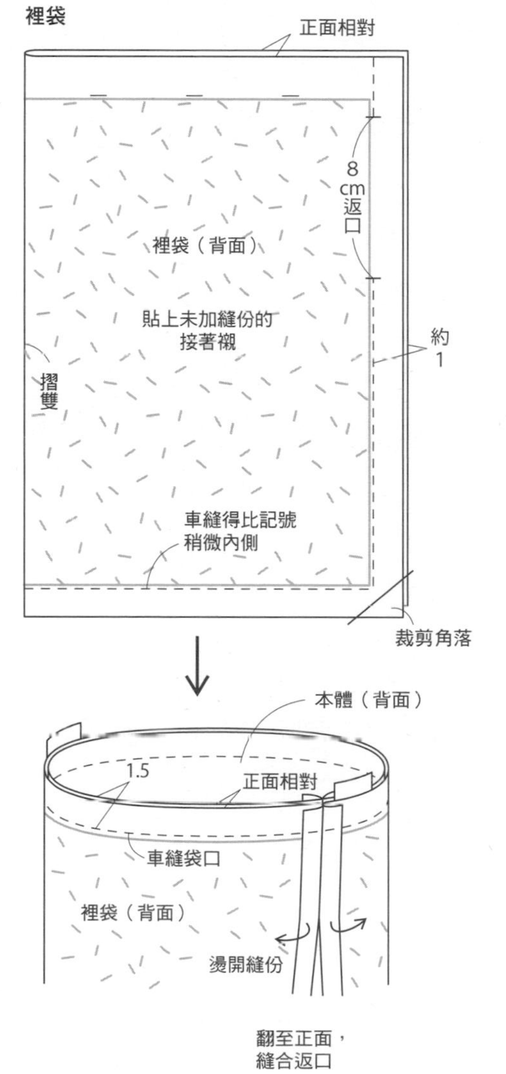

裡袋
正面相對
8cm返口
裡袋（背面）
貼上未加縫份的接著襯
摺雙
約1
車縫得比記號稍微內側
裁剪角落
本體（背面）
1.5
正面相對
車縫袋口
裡袋（背面）
燙開縫份
翻至正面，縫合返口

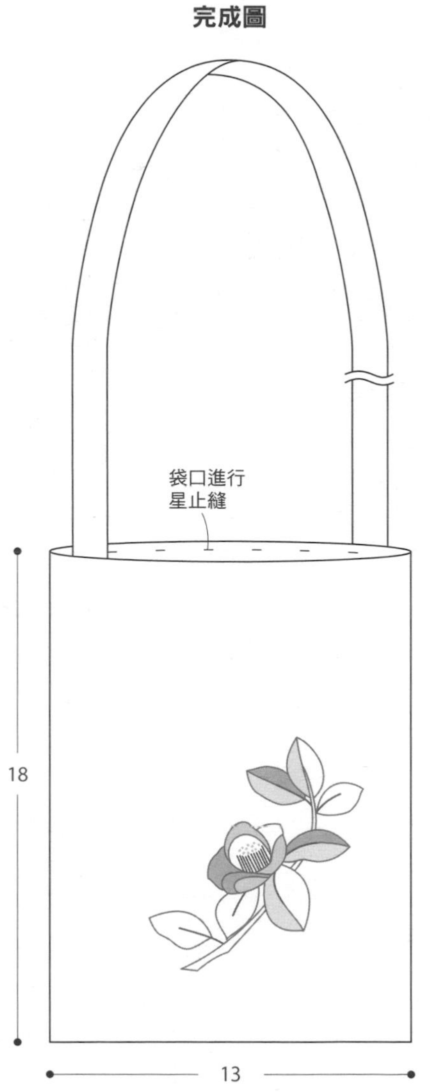

完成圖
袋口進行星止縫
18
13

39 P.53
××××
雙色桌墊

材料
Graziano亞麻布「LINO1515」（15目／1cm）grayish 40×50cm、Anchor Ritorto Fiorentino繡線 8號・12號各色適量

繡法
參照圖片。

★圖案 >>> 作品圖案B面

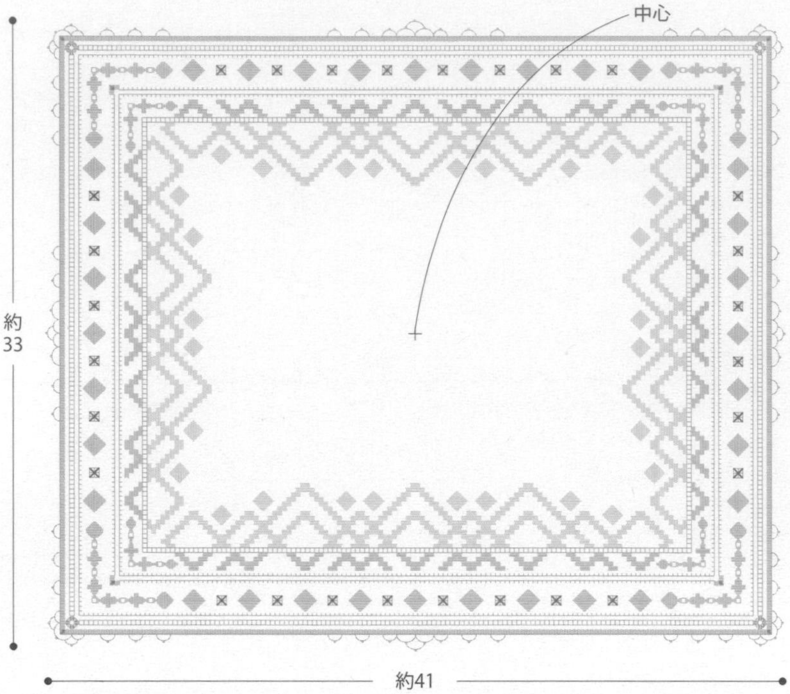

刺繡針法

四角繡
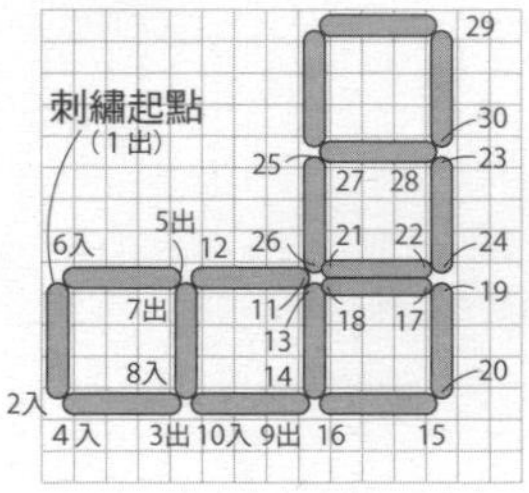

緞面繡
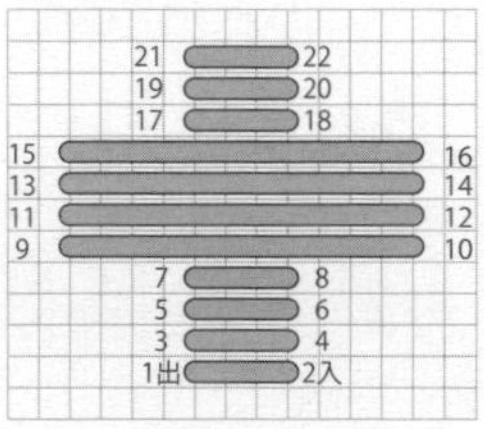

釦眼繡
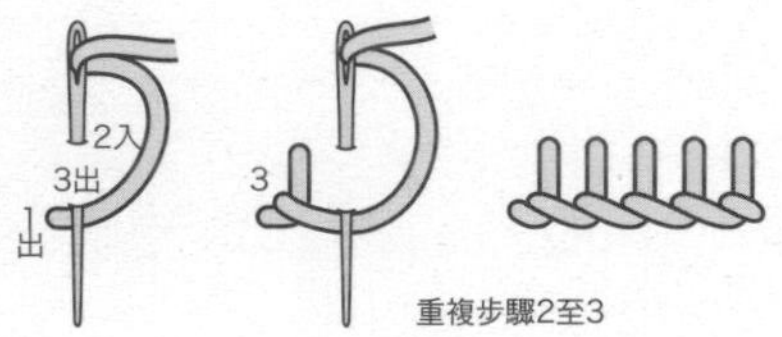

捲針繡
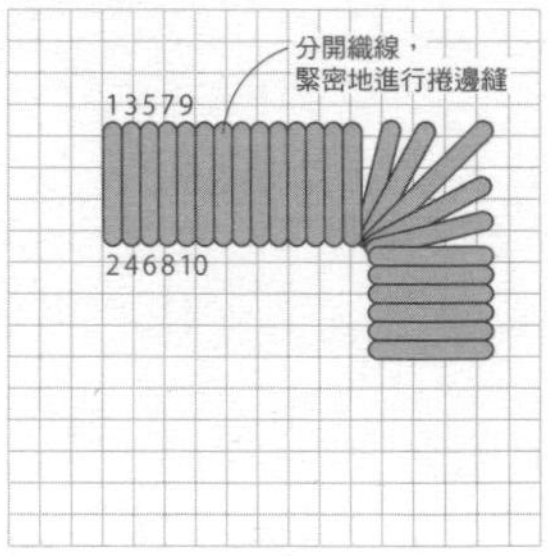

邊繡Punto a Giorno
（捲線2次的單側邊繡）
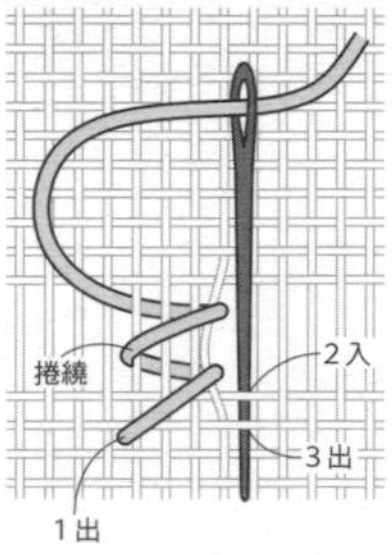

織補捲邊縫
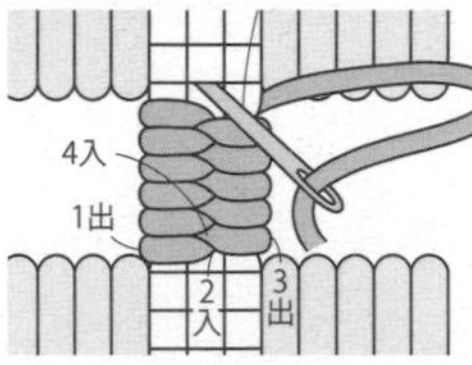

捲線繡
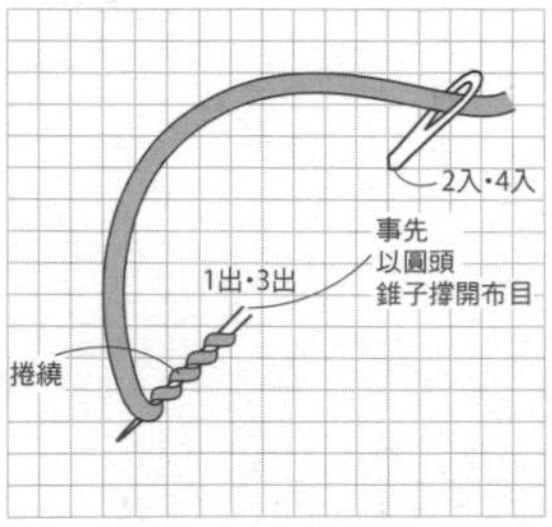

在四角繡上進行捲線繡
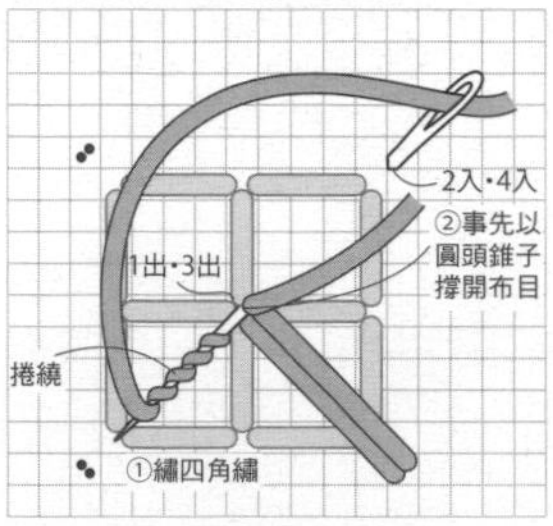

邊飾
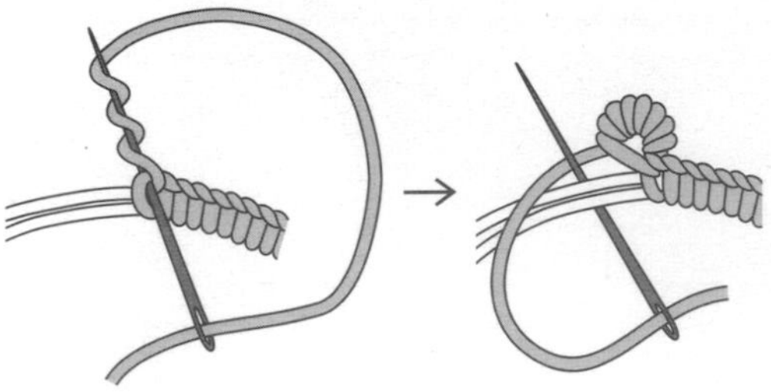

捲邊縫圖案A
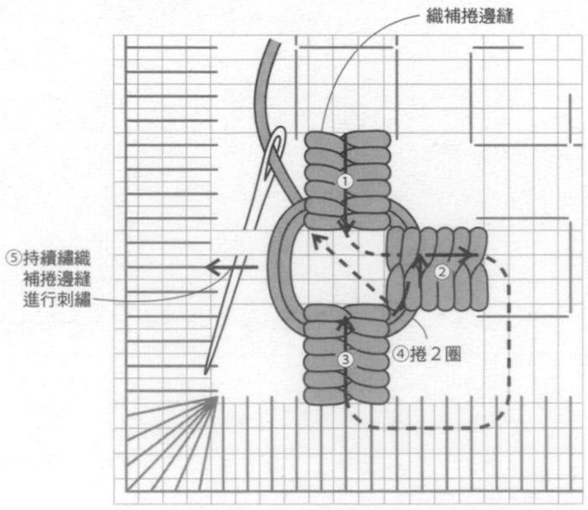

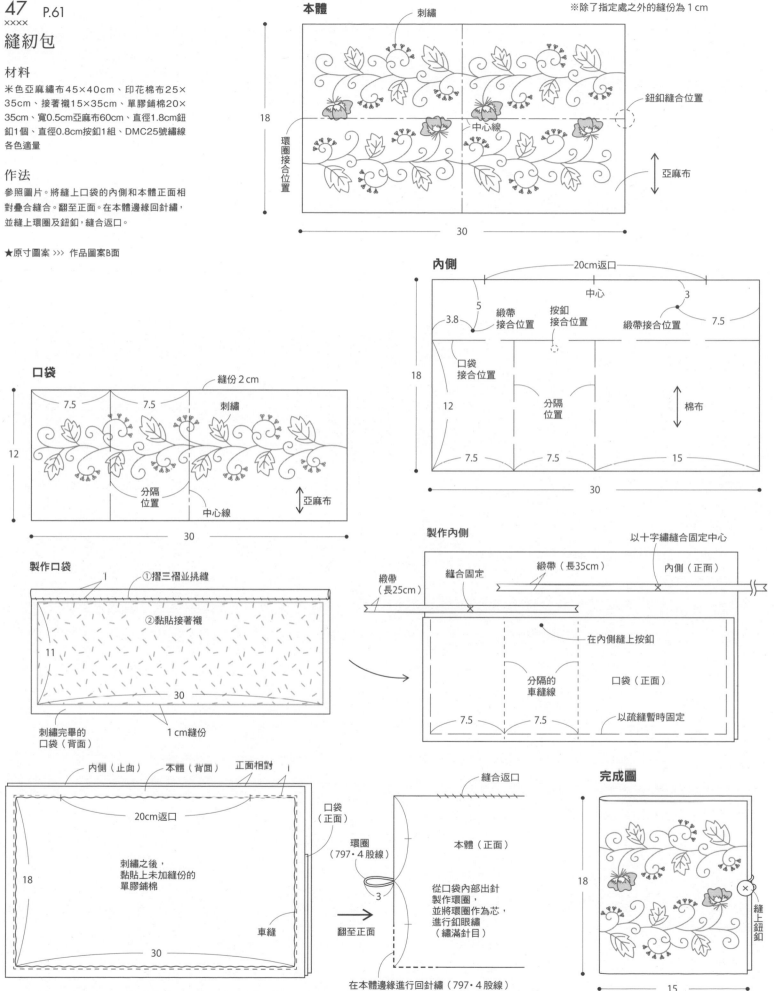

47 P.61

××××

縫紉包

材料

米色亞麻繡布45×40cm、印花棉布25×35cm、接著襯15×35cm、單膠鋪棉20×35cm、寬0.5cm亞麻布60cm、直徑1.8cm鈕釦1個、直徑0.8cm按釦1組、DMC25號繡線各色適量

作法

參照圖片。將縫上口袋的內側和本體正面相對疊合縫合。翻至正面。在本體邊緣回針繡，並縫上環圈及鈕釦，縫合返口。

★原寸圖案 ››› 作品圖案B面

本體

※除了指定處之外的縫份為 1 cm

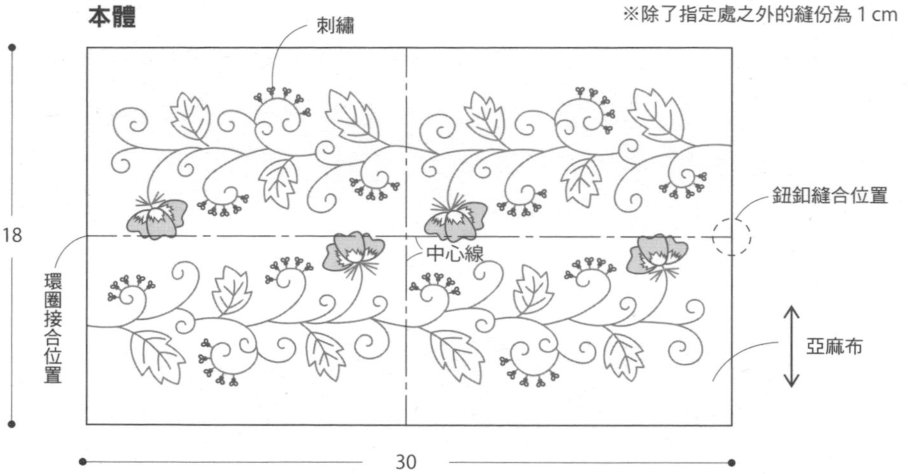

刺繡
18
環圈接合位置
中心線
鈕釦縫合位置
亞麻布
30

內側

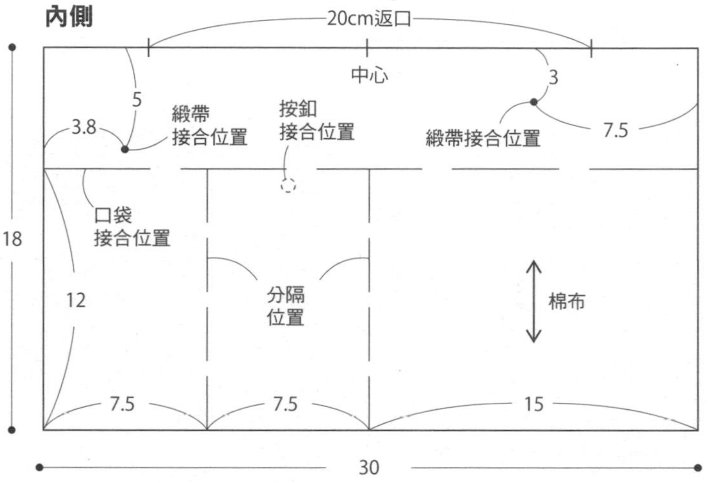

20cm返口
中心
5
3
3.8
緞帶接合位置
按釦接合位置
緞帶接合位置
7.5
18
口袋接合位置
12
分隔位置
棉布
7.5
7.5
15
30

口袋

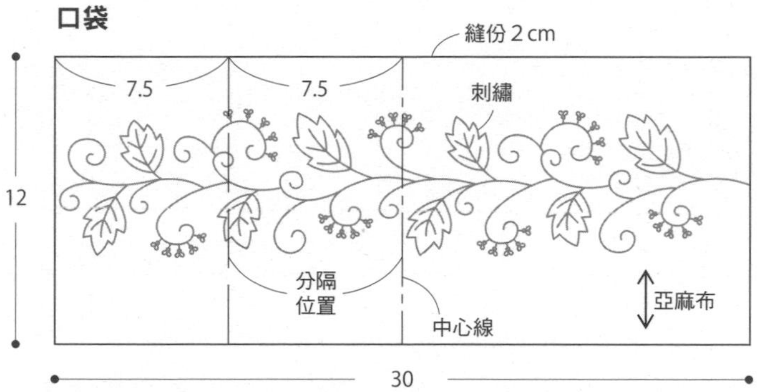

縫份 2 cm
7.5
7.5
刺繡
12
分隔位置
中心線
亞麻布
30

製作口袋

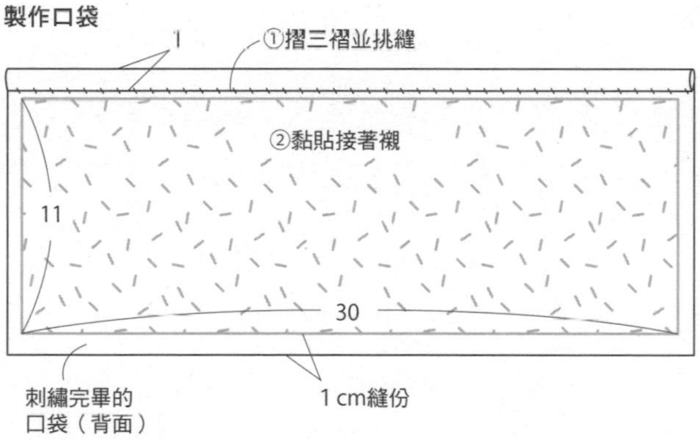

1
①摺三褶並挑縫
②黏貼接著襯
11
30
刺繡完畢的口袋（背面）
1 cm縫份

製作內側

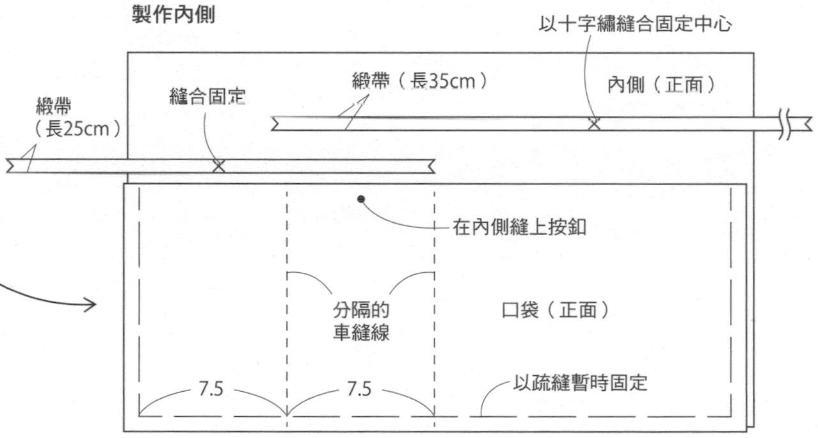

以十字繡縫合固定中心
緞帶（長35cm）
內側（正面）
縫合固定
緞帶（長25cm）
在內側縫上按釦
分隔的車縫線
口袋（正面）
7.5
7.5
以疏縫暫時固定

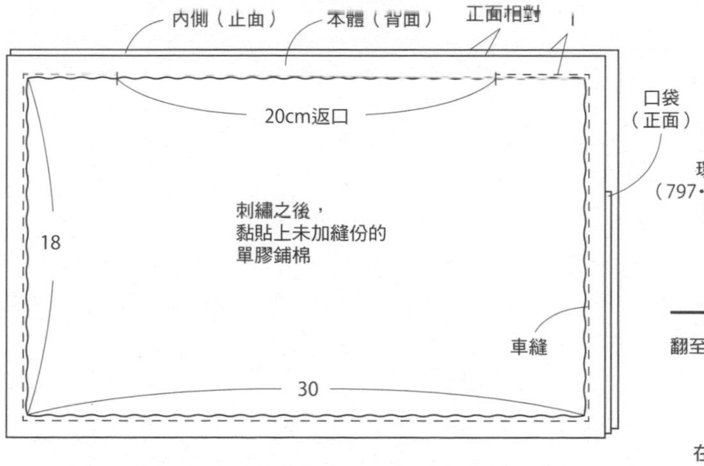

內側（正面）
本體（背面）
正面相對
20cm返口
口袋（正面）
刺繡之後，
黏貼上未加縫份的
單膠鋪棉
18
車縫
30

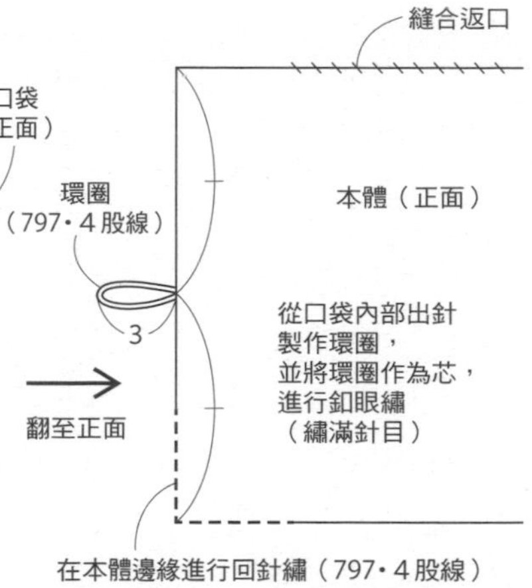

縫合返口
環圈（797・4股線）
本體（正面）
3
從口袋內部出針
製作環圈，
並將環圈作為芯，
進行釦眼繡
（繡滿針目）
翻至正面
在本體邊緣進行回針繡（797・4股線）

完成圖

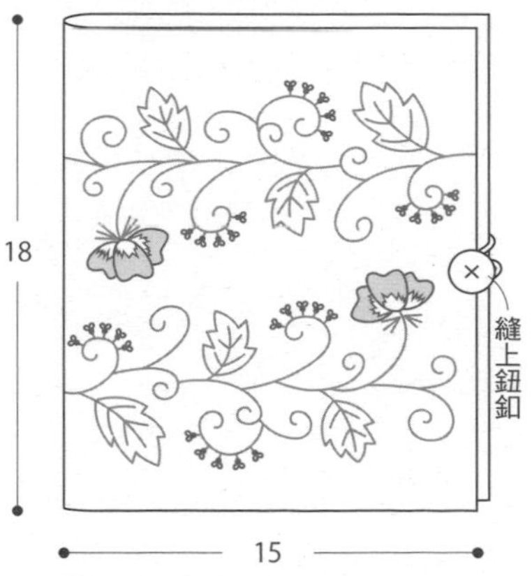

18
縫上鈕釦
15

48 P.61

××××

拉鍊波奇包

材料

DMC亞麻繡布28ct（11目／1cm）Natural（3782）40×35cm、紅色棉布35×25cm、18cm長拉鍊1條、各種鈕釦適量、填充棉適量、DMC 25號繡線498・3799各適量

作法

1 在本體的亞麻布進行十字繡，並縫上鈕釦。
2 將本體在底中心背面相向對摺。袋口縫份往內部摺入，挑縫於拉鍊。
3 將本體兩脇縫份往內部摺入（拉鍊末端也先摺好）。製作吊耳，疏縫於脇邊縫份暫時固定。以捲邊縫縫合兩脇。
4 將裡袋（正面相對疊合車縫兩脇）和本體背面相對疊合置入。摺入裡袋的袋口，挑縫於拉鍊。
5 製作拉繩，裝在拉鍊上。

★圖案 ››› 作品圖案A面

本體（裡袋相同尺寸）　※除了指定處之外縫份皆為1cm

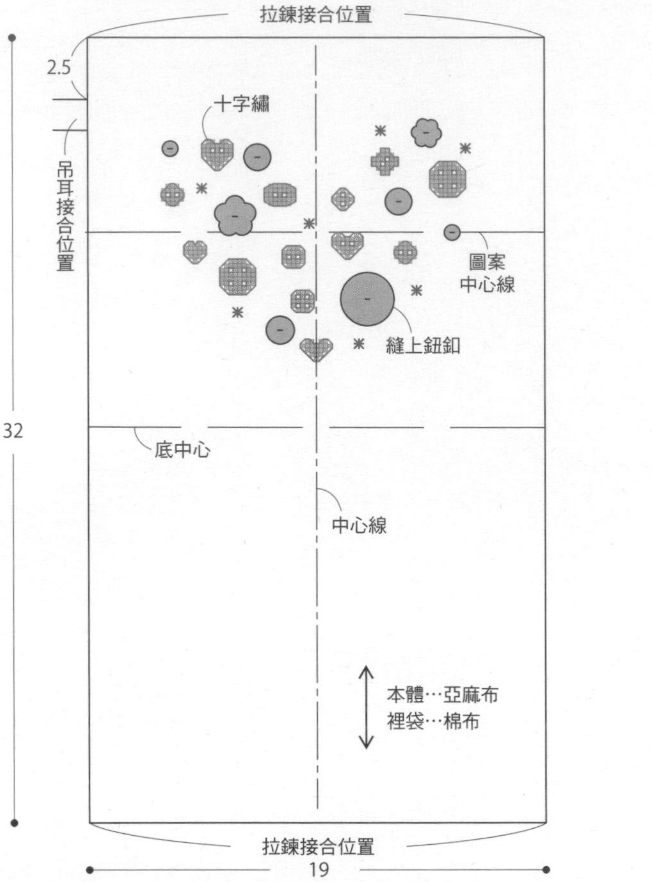

拉繩（不加縫份）

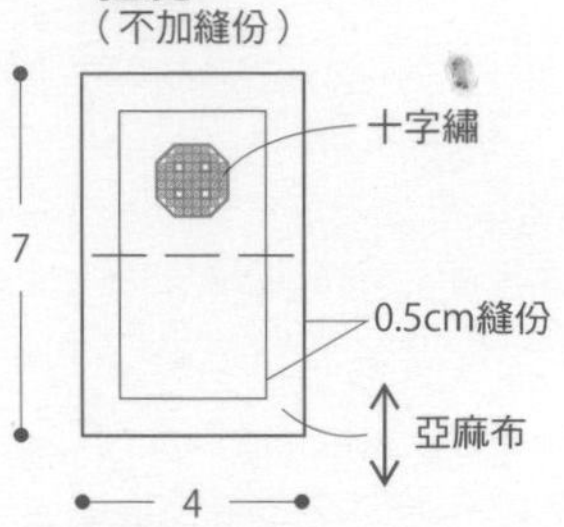

吊耳（不加縫份）

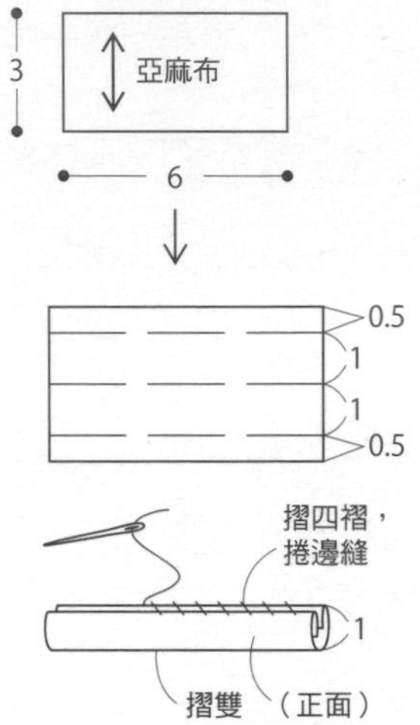

安裝拉鍊

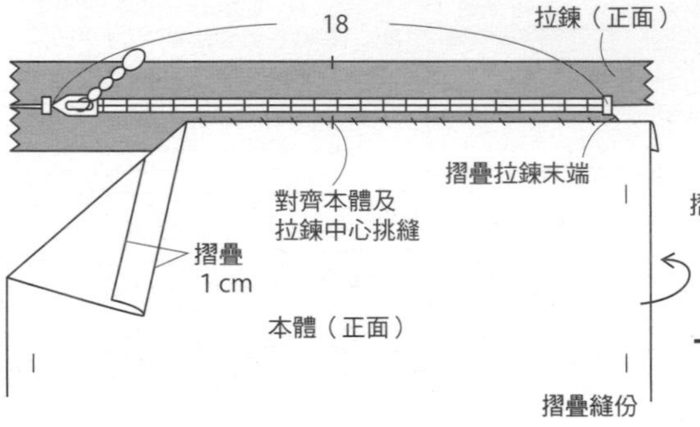

另一側也以相同方式車縫

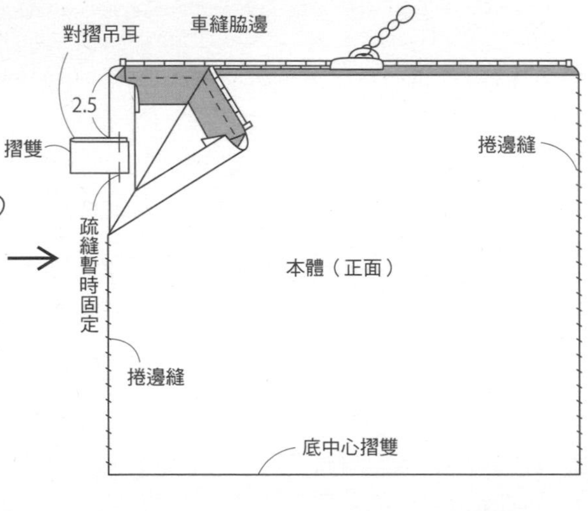

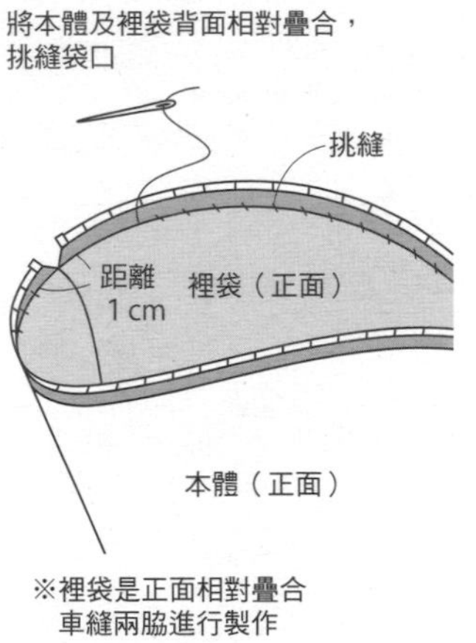

拉繩

製作繩子

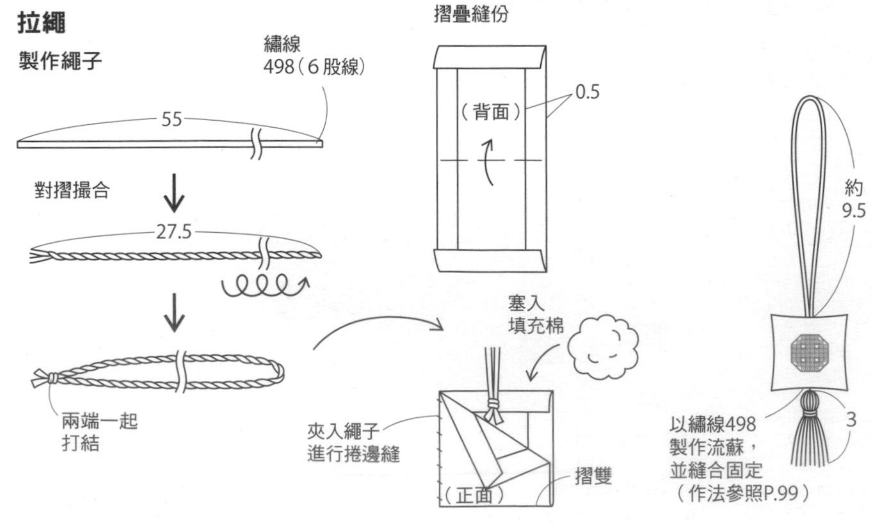

完成圖

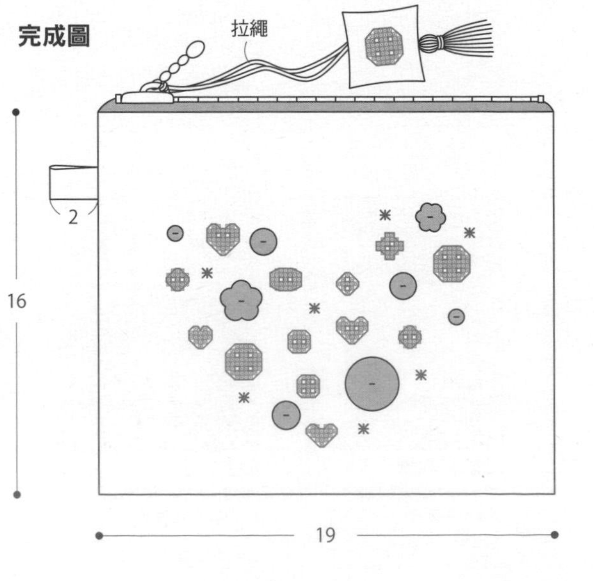

好評發售中！

Stitch 刺繡誌

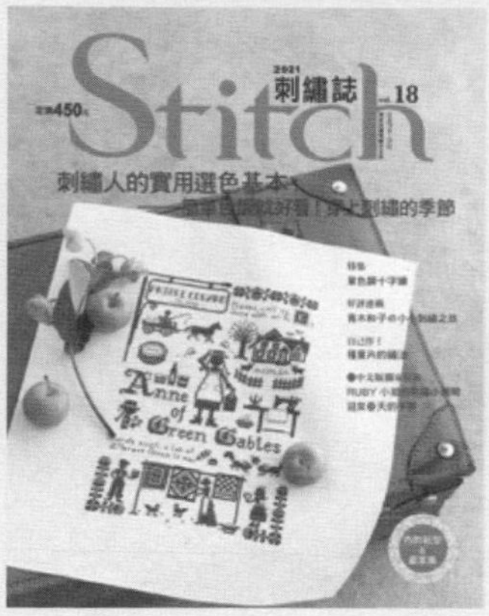

Stitch 刺繡誌 18

刺繡人的實用選色基本：
簡單色調就好看！
穿上刺繡的季節

日本VOGUE社◎授權
定價450元

Stitch 刺繡誌 01

花の刺繡好點子：
80+春日暖心刺繡×可愛
日系嚴選VS北歐雜貨風
定番手作

日本VOGUE社◎授權
定價380元

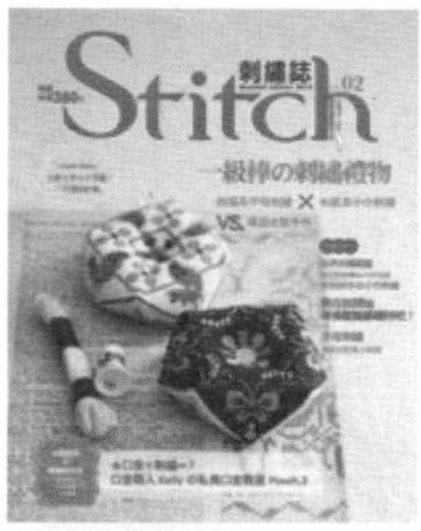

Stitch 刺繡誌 02

一級棒の刺繡禮物：
祝福系字母刺繡×
和風派小巾刺繡
VS環遊北歐手作

日本VOGUE社◎授權
定價380元

Stitch 刺繡誌 03

私の刺繡小風景
打造秋日の手感心刺繡
幸福系花柄刺繡×
可愛風插畫刺繡VS
彩色刺子繡

日本VOGUE社◎授權
定價380元

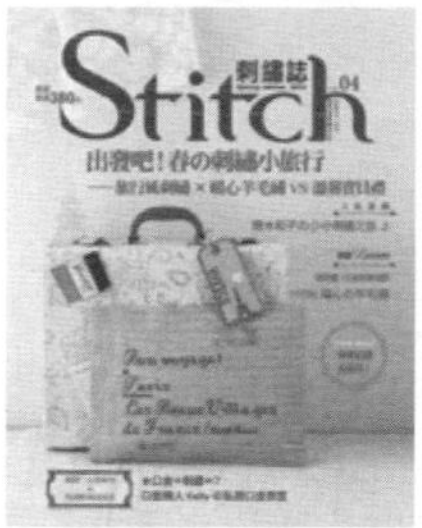

Stitch 刺繡誌 04

出發吧！
春の刺繡小旅行──
旅行風刺繡×
暖心羊毛繡VS溫馨寶貝禮

日本VOGUE社◎授權
定價380元

Stitch 刺繡誌 05

手作人の刺繡熱：
記憶裡盛開的花朵青春－
可愛感花朵刺繡×
日雜系和風刺繡
VS優雅流蘇帶繡

日本VOGUE社◎授權
定價380元

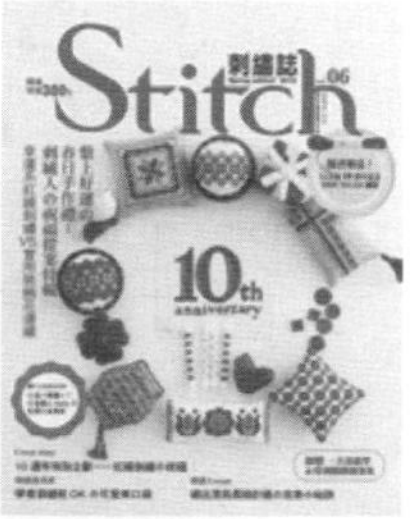

Stitch 刺繡誌 06

繫上好運の春日手作禮
刺繡人の祝福提案特輯－
幸運系紅線刺繡VS
實用裝飾花邊繡

日本VOGUE社◎授權
定價380元

Stitch 刺繡誌 07

刺繡人×夏日色彩學：
私の手作
COLORFUL DAY ──
彩色故事刺繡×
手感瑞典刺繡

日本VOGUE社◎授權
定價380元

Stitch 刺繡誌 08

手作好日子！
季節の刺繡贈禮計劃：
連續花紋繡VS極致鏤空繡

日本VOGUE社◎授權
定價380元

Stitch 刺繡誌 09

刺繡の手作美：
春夏秋冬の優雅書寫
簡易釘線繡VS綺麗抽紗繡

日本VOGUE社◎授權
定價380元

Stitch 刺繡誌 10

彩色の刺繡季節：
手作人最愛の
好感居家提案
優雅風戶留刺繡vs回針繡
的應用

日本VOGUE社◎授權
定價380元

Stitch 刺繡誌 11

刺繡花札 ── 幸福展開！
職人的美日手作
質感古典繡vs可愛小布繡

日本VOGUE社◎授權
定價380元

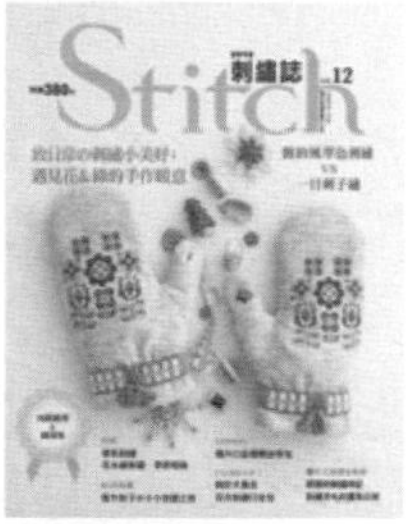

Stitch 刺繡誌 12

致日常の刺繡小美好！
遇見花&綠的手作暖意
簡約風單色刺繡VS一目刺子繡

日本VOGUE社◎授權
定價380元

Stitch 刺繡誌 13

夢想無限！
刺繡人の手作童話國度
歐風刺繡VS繽紛十字繡

日本VOGUE社◎授權
定價380元

Stitch 刺繡誌 14

漫遊春日の刺繡旅行
收藏在縫紉盒裡的回憶手作－
裝飾髮辮繡×實用織補繡

日本VOGUE社◎授權
定價[illegible]元

Stitch 刺繡誌 15

私の刺繡花房
甜美刺子繡VS復刻樣本繡

日本VOGUE社◎授權
定價450元

Stitch 刺繡誌 16

手作人の刺繡歲時記
童話十字繡VS質感流織面繡

日本VOGUE社◎授權
定價450元

Stitch 刺繡誌 17

刺繡人的植感好生活
手作縫紉小物特集

日本VOGUE社◎授權
定價450元

Stitch刺繡誌特輯 01

手作迷繡出來！
一針一線×幸福無限：
最想擁有の刺繡誌人氣刺繡
圖案Best 75

日本VOGUE社◎授權
定價380元

Stitch刺繡誌特輯 02

完全可愛のSTITCH
人氣繪本圖案100：
世界旅行風×手感插畫系
×初心十字繡

日本VOGUE社◎授權
定價450元

Stitch刺繡誌特輯 03

STITCHの刺繡花草日季：
手作迷の私藏
刺繡人氣圖案100＋
可愛Baby風小刺繡×
春夏好感系布作

日本VOGUE社◎授權
定價450元

Stitch刺繡誌 18

Stitch刺繡誌

刺繡人的實用選色基本

簡單色調就好看！穿上刺繡的季節

國家圖書館出版品預行編目 (CIP) 資料

刺繡人的實用選色基本：簡單色調就好看！穿上刺繡的季節 / 日本 VOGUE 社授權；周欣芃譯 . -- 初版 . -- 新北市：雅書堂文化事業有限公司 , 2021.04
面； 公分 . -- (Stitch 刺繡誌；18)
譯自：ステッチ idees Vol.32
ISBN 978-986-302-578-8(平裝)
1. 刺繡 2. 手工藝

426.2　　110003156

授權	日本 VOGUE 社
譯者	周欣芃
發行人	詹慶和
繡法諮詢	陳慧如老師
執行編輯	黃璟安
編輯	蔡毓玲・劉蕙寧・陳姿伶
執行美編	周盈汝
美術編輯	陳麗娜・韓欣恬
內頁排版	造極彩色印刷
出版者	雅書堂文化事業有限公司
發行者	雅書堂文化事業有限公司
郵政劃撥帳號	18225950
戶名	雅書堂文化事業有限公司
地址	新北市板橋區板新路 206 號 3 樓
網址	www.elegantbooks.com.tw
電子郵件	elegant.books@msa.hinet.net
電話	(02)8952-4078
傳真	(02)8952-4084

經銷／易可數位行銷股份有限公司
地址／新北市新店區寶橋路 235 巷 6 弄 3 號 5 樓
電話／ (02)8911-0825
傳真／ (02)8911-0801

2021 年 04 月初版一刷　定價／ 450 元

STITCH IDEES VOL.32 (NV80660)
Copyright © NIHON VOGUE-SHA 2020
All rights reserved.
Photographer: Toshikatsu Watanabe, Yukari Shirai, Noriaki Moriya.
Original Japanese edition published in Japan by NIHON VOGUE Corp.
Traditional Chinese translation rights arranged with NIHON VOGUE Corp.through Keio Cultural Enterprise Co., Co.,Ltd.
Traditional Chinese edition copyright © 2021 by Elegant Books Cultural Enterprise Co., Ltd.

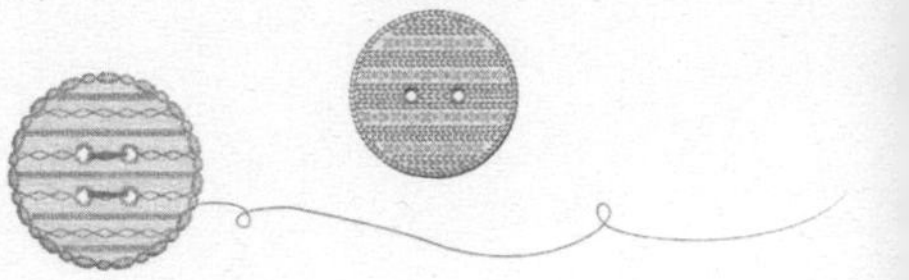

Staff

日文原書製作團隊

設計	塙美奈　塚田佳奈　石田百合絵　清水真子（ME&MIRACO） 天野美保子（P24～26）
攝影	渡辺淑克　白井由香里　森谷則秋
造型	鈴木亜希子　西森萌
原稿整理	鈴木さかえ
繪圖	まつもとゆみこ
編輯協力	梶謡子　石澤季里
編輯	佐々木純　西津美緒
編輯長	石上友美

版權所有・翻印必究
（未經同意，不得將本著作物之
任何內容以任何形式使用刊載）
本書如有破損缺頁請寄回本公司更換